汾河平原
空气质量改善路线图和联防联控机制研究

宁淼　王丽娟　冯悦怡　武卫玲　唐倩　谢卧龙　王杨君　等 著

中国环境出版集团·北京

图书在版编目（CIP）数据

汾河平原空气质量改善路线图和联防联控机制研究 / 宁淼等著. -- 北京 : 中国环境出版集团，2024. 10.
ISBN 978-7-5111-6048-5

Ⅰ．X831

中国国家版本馆CIP数据核字第2024CY8646号

策划编辑　葛　莉
责任编辑　史雯雅
封面设计　彭　杉

出版发行　中国环境出版集团
　　　　　（100062　北京市东城区广渠门内大街 16 号）
　　　　　网　　　址：http://www.cesp.com.cn
　　　　　电子邮箱：bjgl@cesp.com.cn
　　　　　联系电话：010-67112765（编辑管理部）
　　　　　发行热线：010-67125803，010-67113405（传真）
印　　刷　北京中献拓方科技发展有限公司
经　　销　各地新华书店
版　　次　2024 年 10 月第 1 版
印　　次　2024 年 10 月第 1 次印刷
开　　本　787×1092　1/16
印　　张　10.5
字　　数　250 千字
定　　价　78.00 元

中国环境出版集团郑重承诺：
中国环境出版集团合作的印刷单位、材料单位均具有中国环境标志产品认证。

/ 前　言 /

　　区域空气质量改善路线图和联防联控机制研究是制定空气质量管理战略的基础。汾河平原横跨山西、河南两省，包含山西省中部、南部的太原、晋中、吕梁、临汾、运城 5 市及河南省三门峡市，是晋陕盆地带的重要部分。汾河平原整体处于谷地，以山地和丘陵地貌为主，大气污染扩散条件较差。汾河平原空气污染较重，颗粒物超标，2021 年 $PM_{2.5}$ 和 PM_{10} 浓度分别为 42 μg/m³ 和 77 μg/m³，分别超标 20.0% 和 10.0%；臭氧浓度恶化趋势明显，2021 年达到 177 μg/m³，较 2015 年上涨 48.7%；重污染天数远高于全国平均水平，2021 年重度及以上污染天数比例为 2.9%，远高于全国平均水平 1.3%。但目前缺乏在美丽中国和碳达峰碳中和背景下中长期区域空气质量改善的路线图，尚未形成区域内长效性联防联控机制，难以有效支撑汾河平原大气重污染治理和空气质量持续改善工作。因此，本书在系统分析汾河平原大气污染传输影响规律、评估大气环境容量超载情况基础上，提出中长期区域空气质量改善路线图和大气污染联防联控机制，研究成果为提高汾河平原大气污染防治的科学决策和精准施策水平奠定基础，为打赢蓝天保卫战提供有效、可靠的基础支撑。

　　通过资料收集、实地调研、空气质量模式数值模拟等方法，核算汾河平原不同时间尺度下区域和城市的大气环境容量和承载力，在此基础上提出汾河平原 2025 年、2030 年、2035 年分阶段大气环境质量改善目标，以及与之相应的各城市的多污染物减排目标；利用情景分析技术建立区域大气污染控制方案，分析不同政策和技术发展情景下区域大气环境质量和经济社会可行性，筛选最优情景，提出区域空气质量中长期改善路线图。利用空气质量模型 CMAQ（空气质量预报和评估系统）的综合源解析功能（ISAM 技术）量化汾河平原的大气 PM$_{2.5}$ 的区域和源类的贡献，划定汾河平原联防联控区域的空间范围，采用多指标综合评分方法，进一步将联防联控区域划分为核心控制区和外围拓展区。在总结分析当前我国区域大气环境协作管理的现状、经验、不足和需求的基础上，结合汾河平原区域特点和大气环境管理需求，开展汾河平原大气污染联防联控机制研究，重点探讨区域产业布局和产业结构调整、能源结构调整、移动源的控制、重点行业治理要求、重污染天气联合应对技术、联防联控政策机制构建等方面的差异化措施，提出汾河平原区域大气污染联防联控的体制机制建议。本书为制定汾河平原各城市及其与周边地区的联防联控机制提供有效技术支撑。

本书共计 4 个章节，各章节著者如下：第 1 章汾河平原大气环境形势分析，由冯悦怡、董远舟、张鑫、郑逸璇、杨锦锦、崔艳丽、王丽娟、王彦超撰写；第 2 章汾河平原 PM$_{2.5}$ 和 O$_3$ 污染的来源研究，由宁淼、王杨君、李莉、晴方、黄凌、姜森、焦姣、储王辉等撰写；第 3 章汾河平原空气质量改善路线图研究，由王丽娟、宁淼、武卫玲、唐倩、董远舟、郑伟、侯诗宇等撰写；第 4 章区域大气污染联防联控机制，由宁淼、谢卧龙、罗锦洪、李宇飞、王娜、韩琦、钟悦之、马强等撰写。

另外，还要特别感谢的是王丽娟、冯悦怡、董远舟，不仅进行了专业的研究助理工作，而且为本书的整理编纂做出了很多贡献；感谢中国环境出版集团葛莉、史雯雅等编辑为本书出版提供的帮助和支持，在此衷心地向他们一并表示诚挚的谢意！

尽管我们在研究过程中始终秉持科学和高度负责的态度，在整理和编纂过程中也力求认真仔细，但是书中仍不可避免地存在不足之处，恳请读者批评指正！

/ 目 录 /

1

汾河平原大气环境形势分析

1.1 概况

1.1.1 自然地理条件

汾河平原横跨山西、河南两省，包含山西省中部、南部的太原、晋中、吕梁、临汾、运城 5 市及河南省三门峡市，是晋陕盆地带的重要部分。这里在地质史上为东北—西南走向的断层地堑，南与渭河平原相接，北与滹沱河谷地相连，后经汾河等河流冲积形成河谷平原。境内有南北向分布的吕梁山、太岳山，以及东西向分布的中条山、伏牛山，山脉之间由北向南依次分布有太原盆地、临汾盆地、运城盆地、灵宝盆地等四大盆地，盆地面积约占 6 市面积的 1/4。区域地形见图 1-1，整体处于谷地，以山地和丘陵地貌为主，大气污染扩散条件较差。

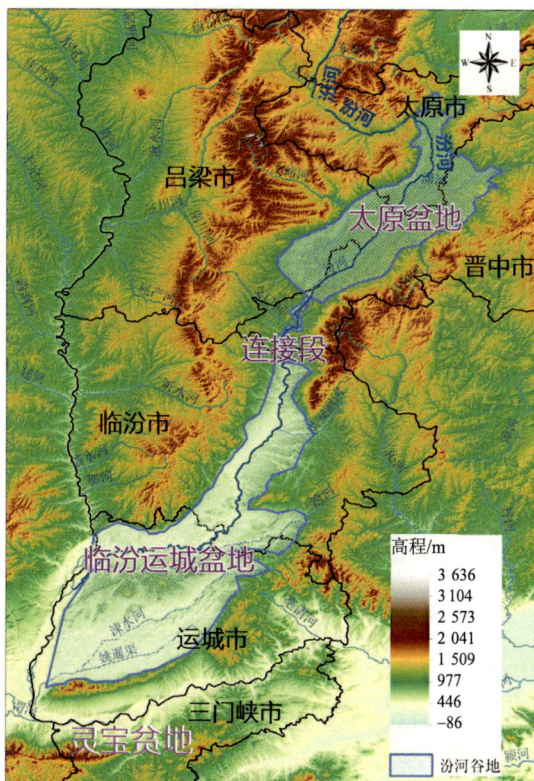

图 1-1 汾河平原区域地形图

1.1.2 气象气候条件

汾河平原南北狭长，气候纬向差异明显，但均属温带大陆性季风气候，季节变化明显。总体特征为：春季干燥多风，夏季炎热多雨，秋季天高气爽，冬季寒冷少雪。年平均日照时数在 1 748.4～2 871.7 h。

主导风向以东北风为主，内部差异及季节差异较大。在 4 个典型月份中（1 月、4 月、7 月、10 月），汾河平原整体上都以东北风为主导风向，其中，中条山以南的三门峡常年盛行偏东风，吕梁山西侧的黄河谷地常年盛行偏北风，而临汾盆地则常年无主导风向。运城一带在 1 月、4 月和 10 月均以偏北风和东北风为主，而在 7 月以东南风为主。太原盆地在 1 月、4 月和 10 月均盛行西南风，而在 7 月无主导风向，区域主导风向分布详见图 1-2。

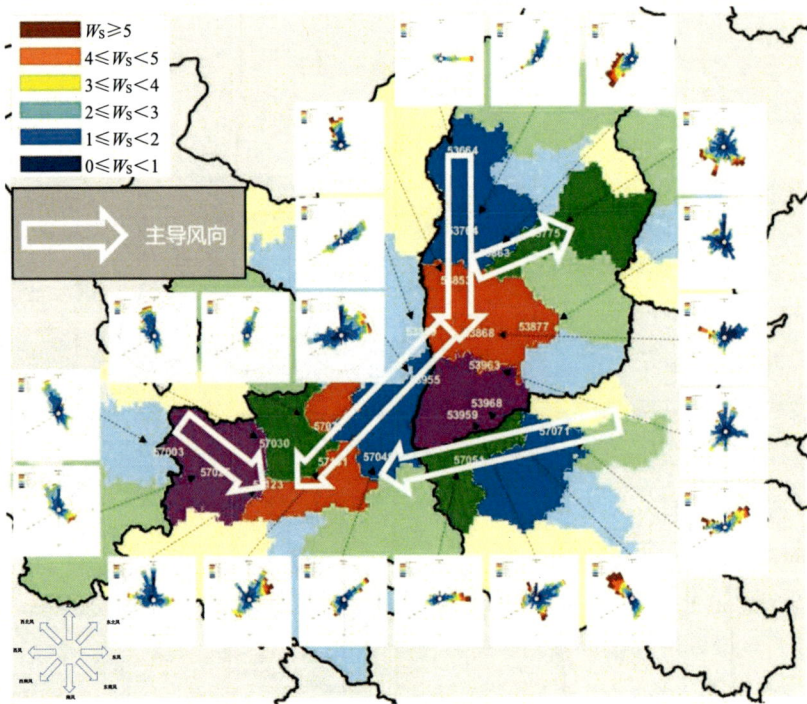

1 月

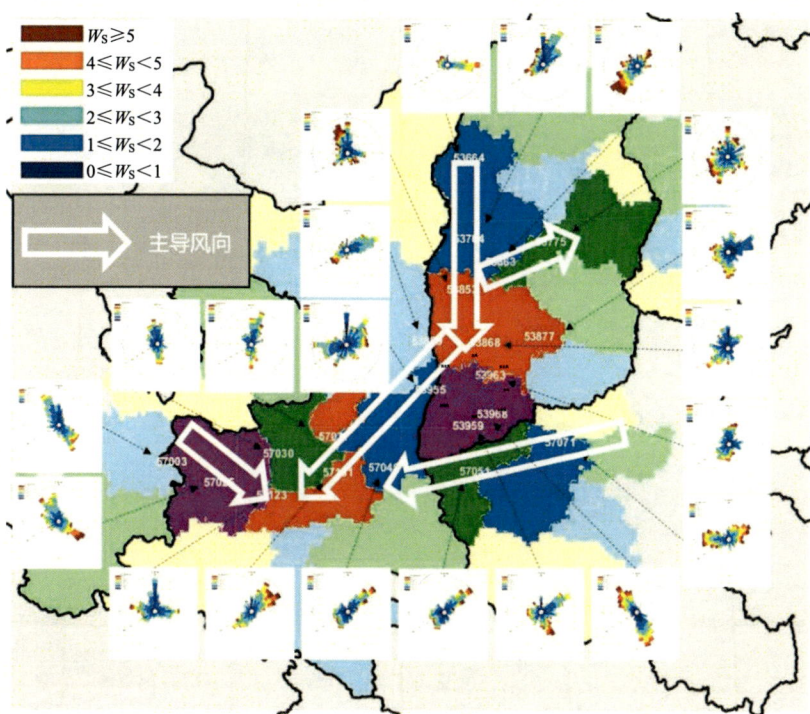

4月

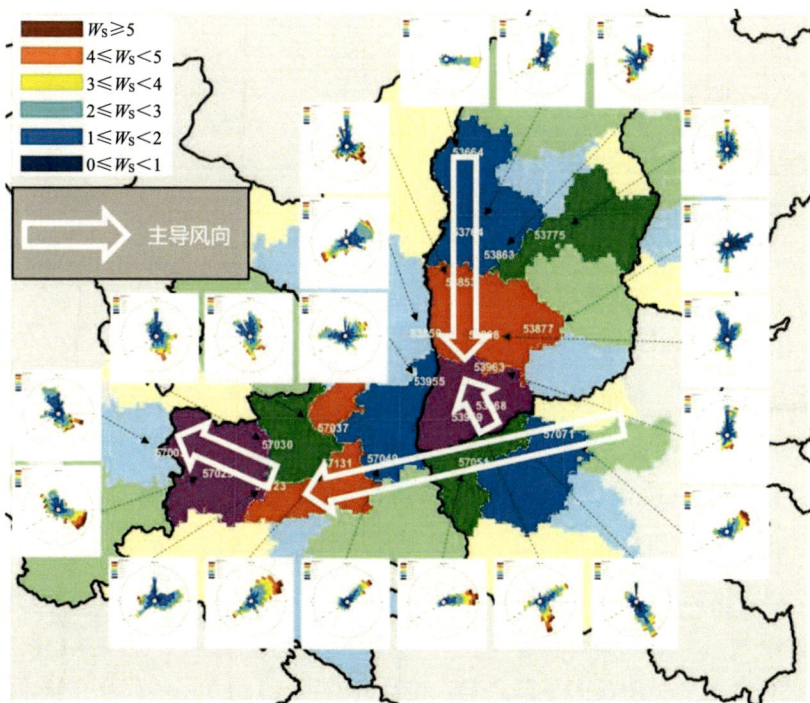

7月

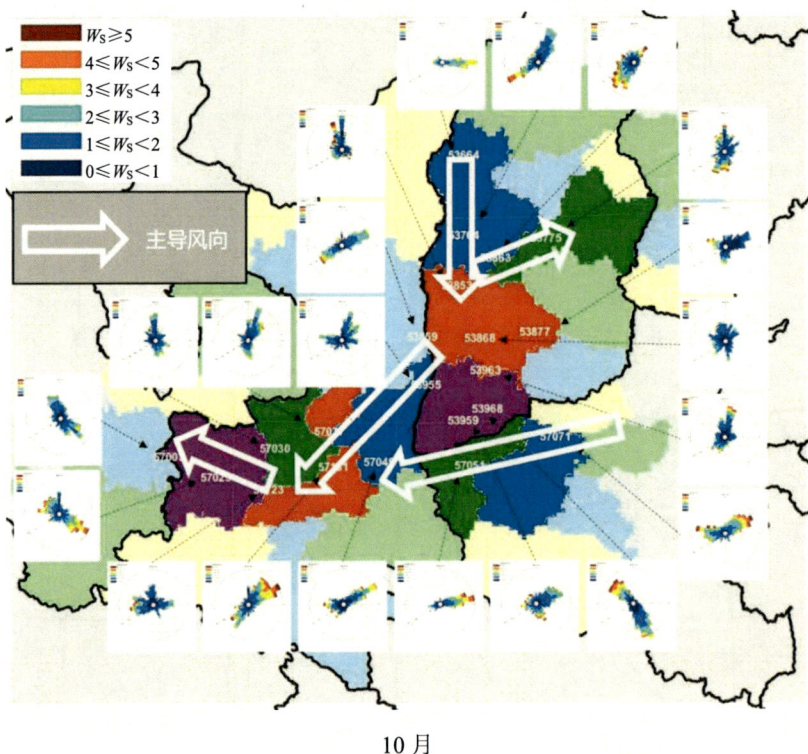

10 月

图 1-2　1 月、4 月、7 月、10 月区域主导风向分布

1.2　大气污染特征

1.2.1　空气质量特征

1.2.1.1　区域总体污染特征

（1）颗粒物超标，臭氧浓度恶化趋势明显

细颗粒物（PM$_{2.5}$）和可吸入颗粒物（PM$_{10}$）年均浓度自 2017 年起呈下降趋势，但仍然超出《环境空气质量标准》（GB 3095—2012）二级标准，2021 年 PM$_{2.5}$ 和 PM$_{10}$ 浓度分别为 42 μg/m³ 和 77 μg/m³，分别超标 20.0% 和 10.0%。2015—2021 年，臭氧（O$_3$）日最大 8 h 平均浓度第 90 百分位数浓度总体呈上升趋势，自 2017 年起开始超过 160 μg/m³，2021 年达到 177 μg/m³，较 2015 年上涨 48.7%。二氧化氮（NO$_2$）年均浓度总体呈先升后降趋势，2019 年达到最高值 39 μg/m³，2021 年浓度为 33 μg/m³，较 2015 年上涨 6.5%。二氧化硫（SO$_2$）浓度呈明显的下降趋势，2021 年达到 13 μg/m³，较 2015 年下降 77.2%，达到国家一级标准，2015—2021 年汾河平原主要大气污染物浓度变化情况见图 1-3。

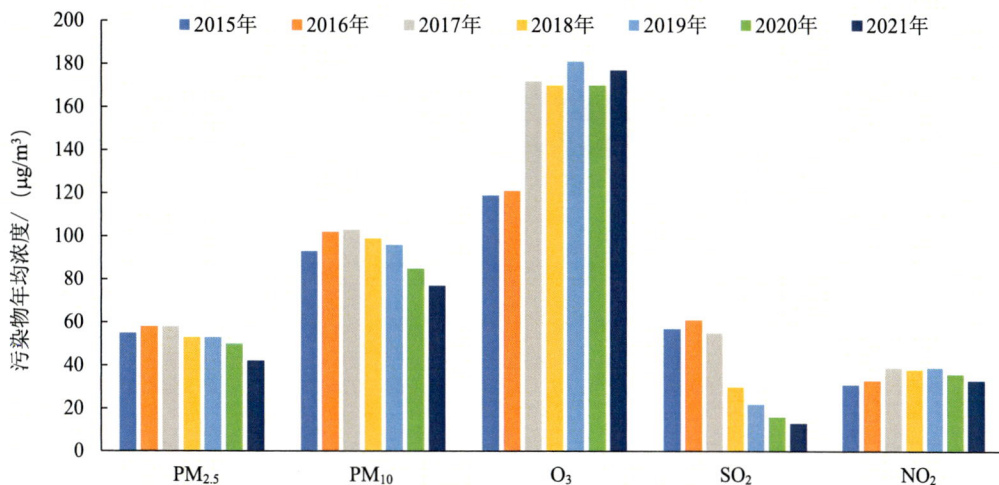

图 1-3 2015—2021 年汾河平原主要大气污染物浓度变化情况

（2）优良天数比例远低于全国平均水平

2017—2021 年，汾河平原优良天数比例在 60.1%～69.6%，远低于全国平均水平 82.0%～87.5%。与重点区域相比，2017—2021 年"2+26"城市优良天数比例为 53.2%～67.2%，长三角地区空气质量优良天数比例为 76.5%～86.7%。汾河平原优良天数比例远低于长三角地区，略高于"2+26"城市。重点区域优良天数比例见图 1-4。

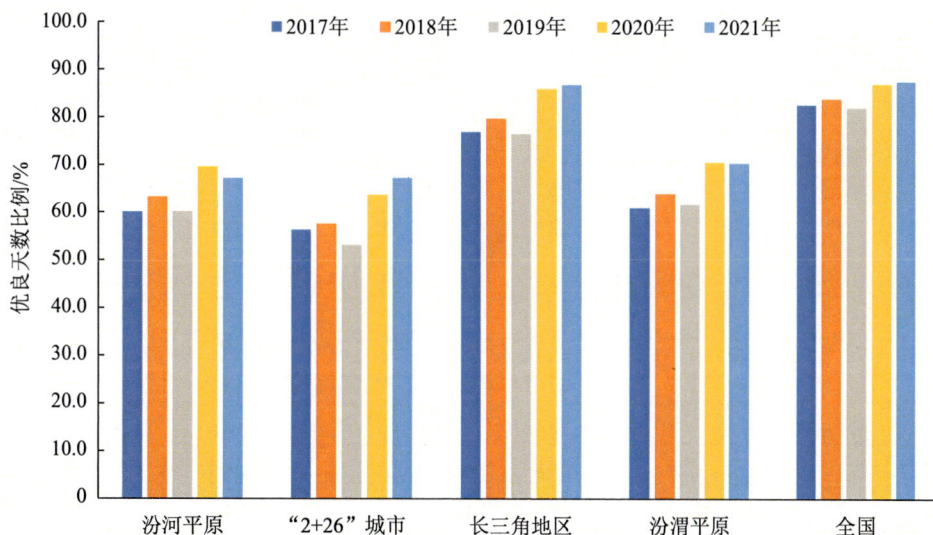

图 1-4 2017—2021 年重点区域优良天数比例

从超标天数占比来看，$PM_{2.5}$ 和 O_3 两项是最主要的污染因子。2021 年汾河平原超标天数占比 33%，其中中度及以上污染天数占 9% 左右。在超标天中，首要污染物为 O_3 和 $PM_{2.5}$ 的天数分别占 46.3% 和 39.3%，PM_{10} 占 14.4%。轻度污染天的首要污染物以 O_3 为主，中度及以上污染天以 $PM_{2.5}$ 及 PM_{10} 为主。2021 年汾河平原首要污染物超标天数及占比见图 1-5。

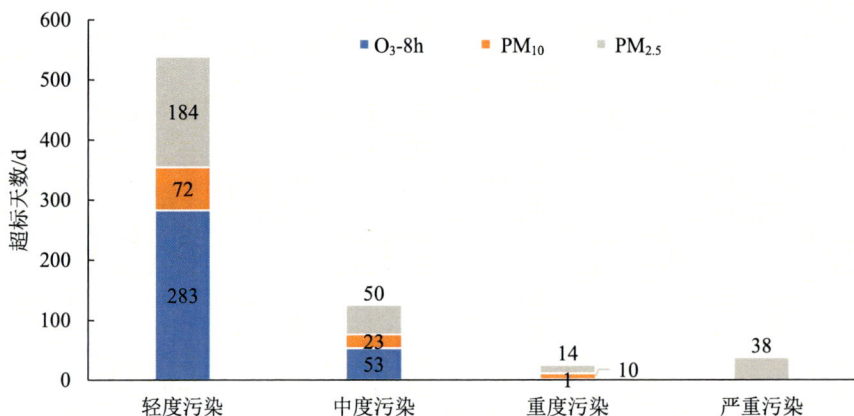

（a）首要污染物超标天数

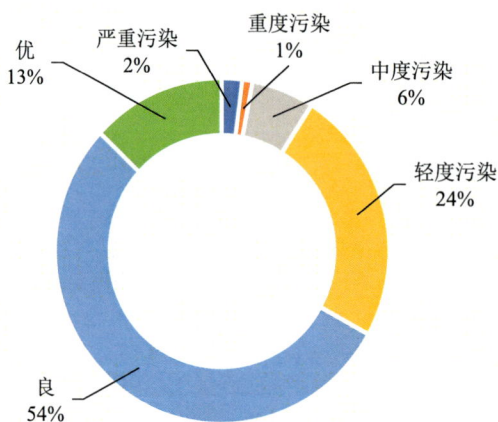

（b）首要污染物超标天数占比

图 1-5　2021 年汾河平原首要污染物超标天数及占比

（3）重污染天数仅次于"2+26"城市，远高于全国平均水平

2021 年，汾河平原重度及以上污染天数比例为 3%，略低于"2+26"城市和汾渭平原，远高于全国平均水平 1.3%。2017—2021 年重点区域重度及以上污染天数比例见图 1-6。

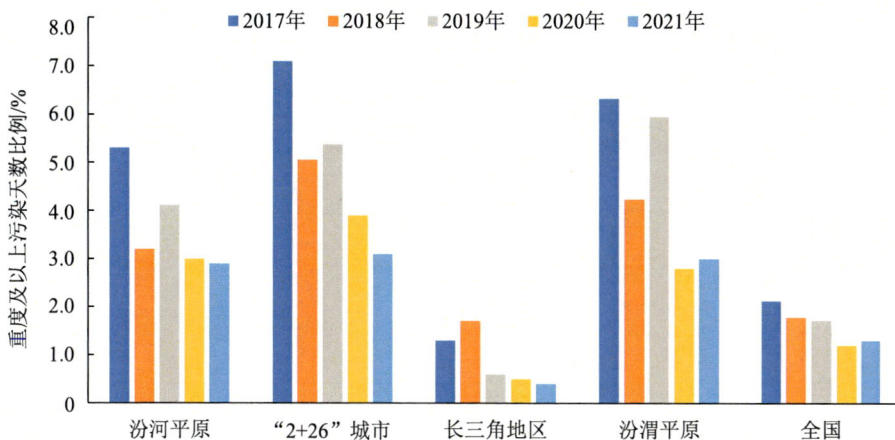

图 1-6   2017—2021 年重点区域重度及以上污染天数比例

（4）季节性污染特征明显，秋冬季颗粒物污染显著，春夏季臭氧问题逐渐显现

汾河平原大气污染季节性特征显著，$PM_{2.5}$、PM_{10}、SO_2、NO_2 均呈现春夏季浓度低、秋冬季浓度高的现象；O_3 则恰好相反，呈现春夏季浓度高、秋冬季浓度低的特点（图 1-7）。

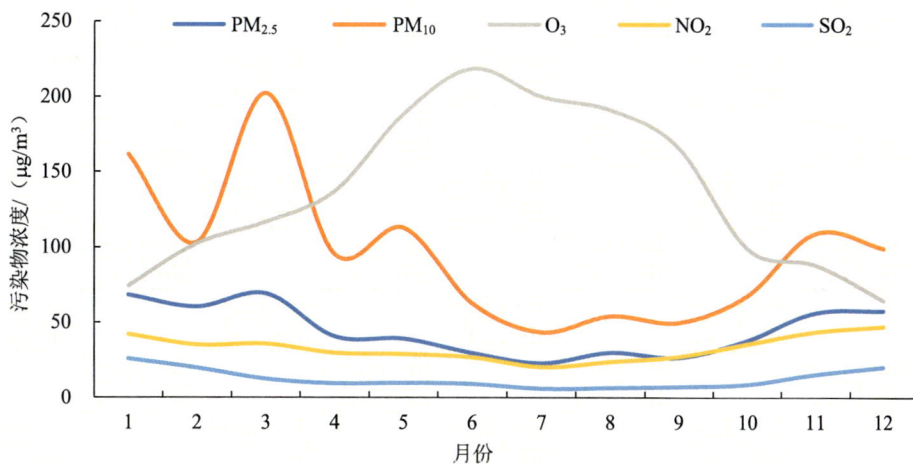

图 1-7   2021 年汾河平原主要大气污染物月均浓度变化

从超标情况来看，冬季（主要为 1 月）和夏季（主要为 6 月、7 月）是空气质量超标天数最多的季节。2021 年汾河平原 1 月超标天数比例为 47.8%，6 月、7 月超标天数比例分别为 60.6%、39.2%。从影响空气质量达标的因素来看，秋冬季（9 月至次年 2 月）超标天的首要污染物主要为 $PM_{2.5}$，其为首要污染物的超标天数占比 70.8%；春夏季（3—8 月）影响空气质量的首要污染物为 O_3，其为首要污染物的超标天数占比 70.4%（图 1-8）。

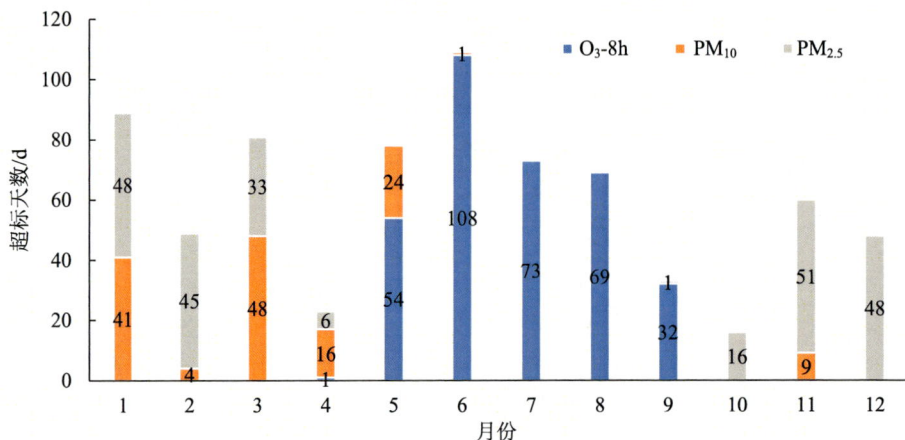

图 1-8　2021 年汾河平原逐月超标天数及对应首要污染物分布情况

注：超标天数为 6 个城市合计天数。

1.2.1.2　区域内城市污染特征

（1）颗粒物、臭氧普遍超标，各城市污染物浓度总体排位靠后

2017—2021 年，汾河平原 $PM_{2.5}$ 年均浓度 2019 年前全区域超标，2020 年、2021 年除吕梁外均超标，其中临汾超标幅度最大。2021 年，临汾、运城、太原超标最多，超标率分别达到 51.4%、37.1% 和 25.7%。与 2020 年相比，汾河平原 6 个城市 2021 年 $PM_{2.5}$ 浓度均有所下降，其中临汾、太原、吕梁降幅较为明显，分别为 19.7%、18.5% 和 18.2%。

2021 年，汾河平原区域 $PM_{2.5}$ 年均浓度（42 μg/m³）高于山西省平均浓度（39 μg/m³），远高于全国平均水平（30 μg/m³）。区域内各城市与山西省平均水平相比，汾河平原的临汾、运城、太原、三门峡 4 个城市 $PM_{2.5}$ 年均浓度超过山西省平均水平，是山西省和汾河平原区域内 $PM_{2.5}$ 污染最为严重的城市（图 1-9）。

2017—2021 年，汾河平原 PM_{10} 年均浓度 2020 年前全区域超标，2021 年除晋中外均超标，其中运城市超标最多。2021 年，运城、吕梁、太原超标最多，超标率分别达到 20.0%、18.6% 和 18.6%。与 2020 年相比，汾河平原 6 个城市 2021 年 PM_{10} 浓度均有所下降，其中临汾、太原、晋中降幅较为明显，分别为 14.3%、12.6% 和 10.7%。

2021 年，汾河平原区域 PM_{10} 年均浓度（77 μg/m³）高于山西省平均浓度（74 μg/m³），远高于全国平均水平（54 μg/m³）。区域内各城市与山西省平均水平相比，汾河平原的运城、太原、吕梁等 3 个城市 PM_{10} 年均浓度超过山西省平均水平，是山西省和汾河平原区域内 PM_{10} 污染最为严重的城市，汾河平原及山西省各城市 PM_{10} 年均浓度情况详见图 1-10。

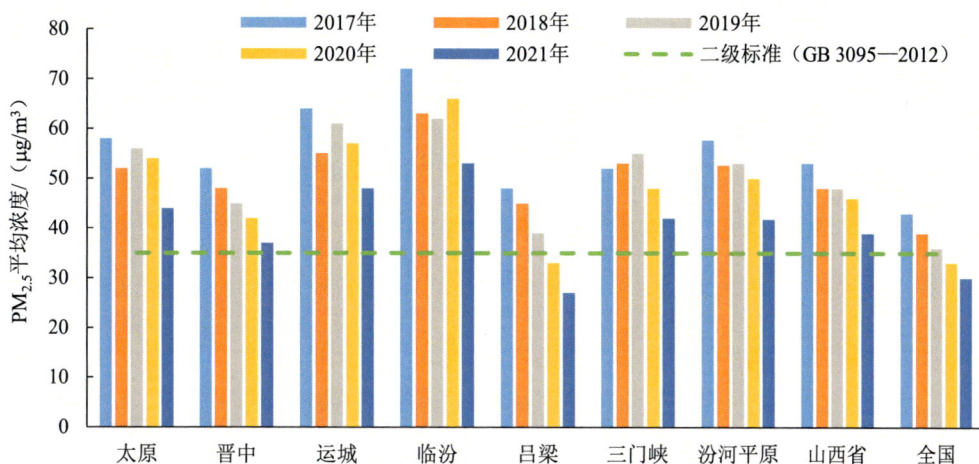

图 1-9　2017—2021 年汾河平原及山西省各城市 PM$_{2.5}$ 年均浓度

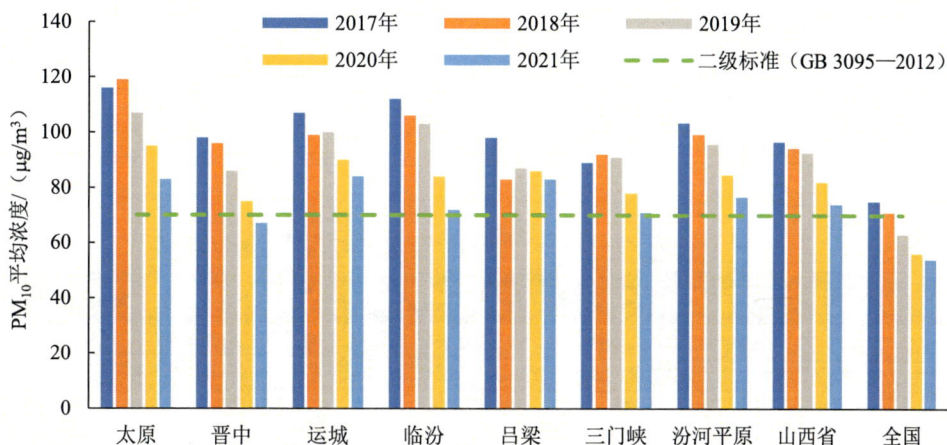

图 1-10　2017—2021 年汾河平原及山西省各城市 PM$_{10}$ 年均浓度

2017—2021 年，汾河平原 O$_3$ 恶化趋势明显，2019 年全区域超标，2020 年除吕梁、三门峡外均超标，2021 年除三门峡外均超标。2021 年，临汾、太原、晋中等 3 个城市超标最多，超标率分别达到 23.1%、20.0% 和 11.9%。与 2020 年相比，汾河平原 6 个城市 2021 年 O$_3$ 浓度均有所上升，其中临汾、吕梁、运城上升较大，分别为 7.1%、5.9% 和 4.2%。

2021 年，汾河平原区域 O$_3$ 日最大 8 h 浓度均值（177 μg/m^3）高于山西省平均浓度（169 μg/m^3），远高于全国平均水平（137 μg/m^3）。与山西省平均水平相比，汾河平原的临汾、太原、晋中等 3 个城市 O$_3$ 年均浓度超过山西省平均水平，是山西省和汾河平原区域内 O$_3$ 污染最为严重的城市（图 1-11）。

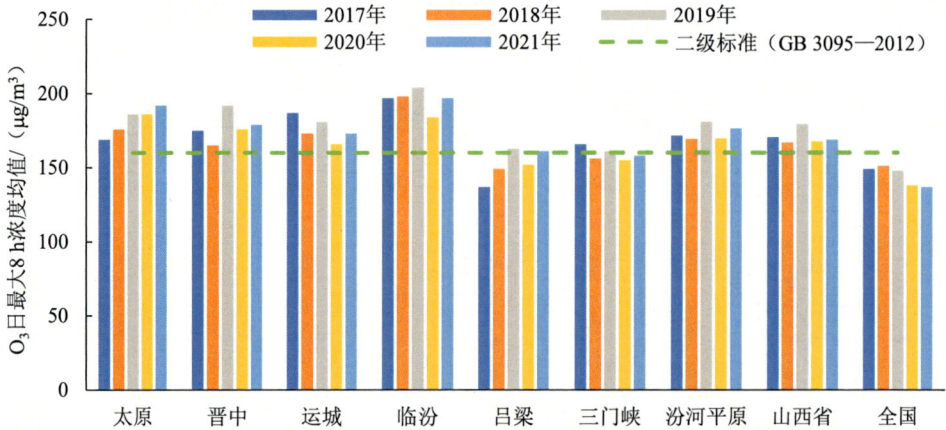

图 1-11　2017—2021 年汾河平原及山西省各城市 O₃ 年均浓度

在全国地级及以上城市中，汾河平原各城市主要污染物浓度均排名靠后。2021 年汾河平原各城市 PM$_{2.5}$、PM$_{10}$、SO$_2$、NO$_2$、一氧化碳（CO）和 O$_3$-8h 浓度的排名分别在 135～336 位、271～326 位、157～330 位、197～338 位、174～332 位和 284～339 位，在全国城市中排名较后（表 1-1）。PM$_{2.5}$ 排名后 30 位的城市中汾河平原有 2 个，为运城和临汾；PM$_{10}$ 有 3 个，为太原、运城和吕梁，SO$_2$ 有 1 个，为晋中；NO$_2$ 有 3 个，为太原、吕梁和临汾；CO 有 2 个，为临汾和运城；O$_3$ 有 4 个，为太原、晋中、运城和临汾。

表 1-1　2021 年汾河平原城市主要大气污染物浓度排名

城市排名	PM$_{2.5}$	PM$_{10}$	SO$_2$	NO$_2$	CO	O$_3$-8 h
太原	307	321	304	334	301	338
晋中	251	271	330	287	257	330
运城	327	326	238	197	328	321
临汾	336	288	282	314	332	339
吕梁	135	319	294	338	174	291
三门峡	295	282	157	254	248	284
平均排名	275	301	268	287	273	317

注：灰色为排名后 30 位。

（2）太原、临汾、运城三市空气质量总体较差

2021 年汾河平原 6 个城市中，太原、临汾、运城优良天数比例较低，重污染天数比例较高，空气质量总体较差（图 1-12）。从各城市超标天的首要污染因子来看，晋中、临汾、太原 3 市的首要污染物以 O$_3$ 为主，三门峡、运城 2 市的首要污染物以 PM$_{2.5}$ 为主。

吕梁首要污染物以 PM_{10} 为主，占总超标天数的比例达 50.0%（图 1-13）。

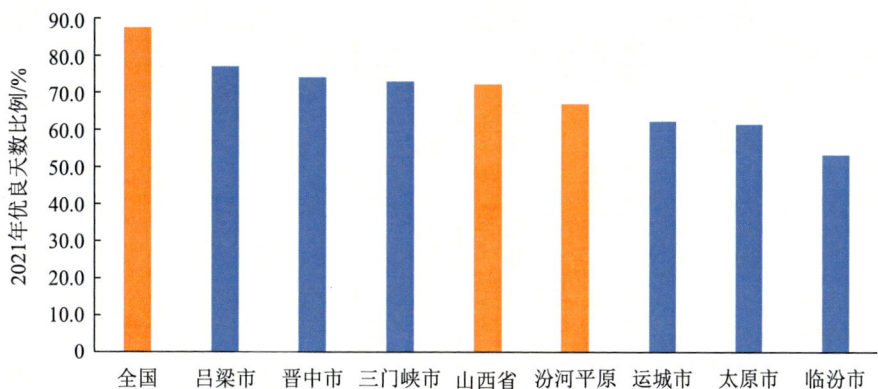

（a）优良天数比例

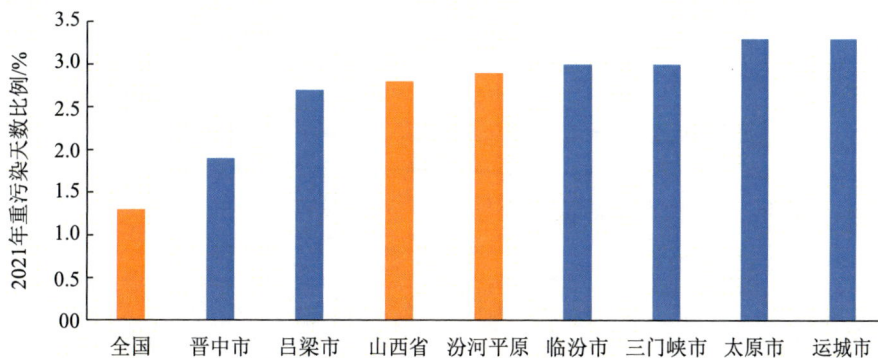

（b）重度及以上污染天数比例

图 1-12 2021 年汾河平原和山西各城市优良天数比例、重度及以上污染天数比例

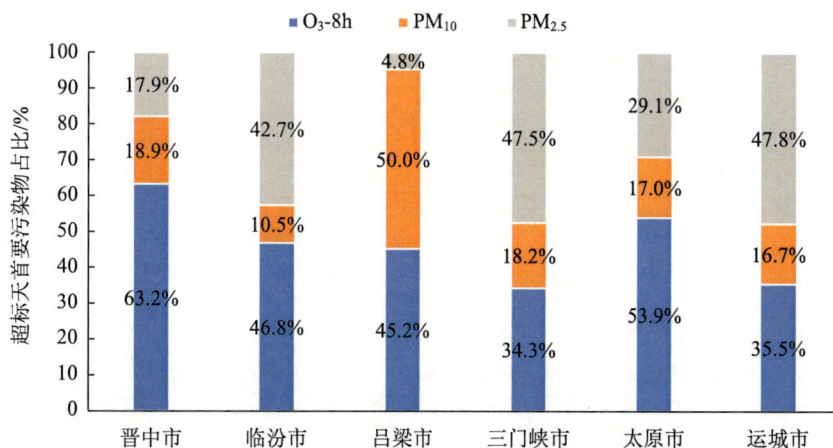

图 1-13 2021 年汾河平原各城市超标天首要污染物占比

1.2.2 污染物排放现状

1.2.2.1 污染物排放总体特征

根据污染源排放清单，2019 年汾河平原 6 个城市 SO_2 排放量为 16.0 万 t，NO_x 排放量为 29.9 万 t，挥发性有机物（VOCs）排放量为 38.3 万 t，NH_3（氨气）排放量为 17.5 万 t，PM_{10} 排放量为 57.1 万 t，$PM_{2.5}$ 排放量为 26.4 万 t，黑炭（BC）排放量为 2.0 万 t，有机碳（OC）排放量为 2.5 万 t（图 1-14）。

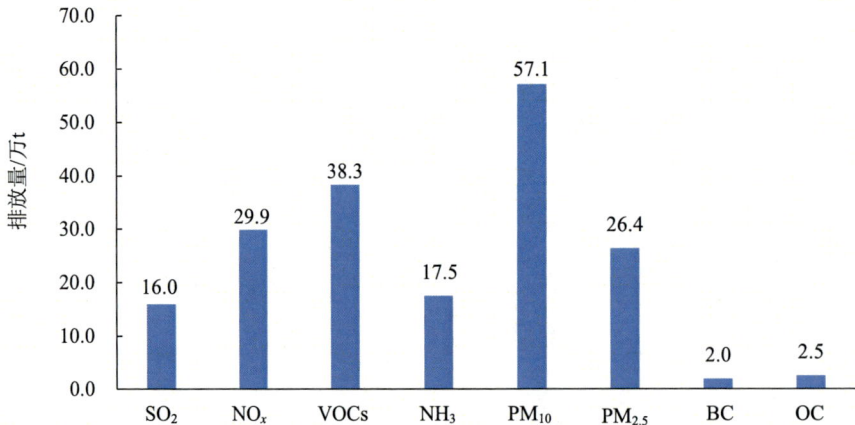

图 1-14　2019 年汾河平原主要污染物排放量

（1）主要污染物排放区域

从各城市的大气污染物排放情况看，SO_2 排放量最高的是吕梁（5.5 万 t），其次是运城（3.9 万 t），两个城市合计占总排放量的 59%；NO_x 排放量较高的是运城、吕梁和晋中，2019 年 NO_x 分别排放 6.5 万 t、5.9 万 t 和 4.8 万 t，其余 3 个城市排放量在 3.9 万 t～4.5 万 t；$PM_{2.5}$ 排放量最高的是运城（7.5 万 t），占总排放量的 28.4%；在 VOCs 排放方面，除了三门峡（1.7 万 t）排放量较低之外，其余山西省吕梁、运城、晋中、太原、临汾 5 个城市排放量均较高，2019 年分别排放 9.3 万 t、9.2 万 t、7.0 万 t、5.7 万 t 和 5.4 万 t。综合来看，汾河平原 6 个城市中主要大气污染物总体排放量较高的是运城和吕梁，其次是临汾和晋中（表 1-2）。

表 1-2　2019 年汾河平原各城市主要污染物排放量　　　　　　　单位：万 t

城市	SO_2	NO_x	$PM_{2.5}$	VOCs
太原	1.3	4.2	2.0	5.7
晋中	1.4	4.8	3.1	7.0

城市	SO₂	NOₓ	PM₂.₅	VOCs
临汾	2.5	4.5	5.0	5.4
吕梁	5.5	5.9	5.8	9.3
运城	3.9	6.5	7.5	9.2
三门峡	1.4	3.9	2.9	1.7
总计	16.0	29.9	26.4	38.3

（2）主要污染物排放强度

汾河平原各城市 SO_2 单位国土面积平均排放强度为 1.8 t/km²，除了晋中、临汾和三门峡单位国土面积排放强度低于平均值外，其余 3 个城市均高于平均水平，最高的是运城，单位国土面积排放强度为 2.8 t/km²；汾河平原各城市 SO_2 单位 GDP 平均排放强度为 15.0 t/亿元，各城市差异较大，最低为太原 3.7 t/亿元，最高为吕梁 38.8 t/亿元，是太原的 10 倍以上（图 1-15）。

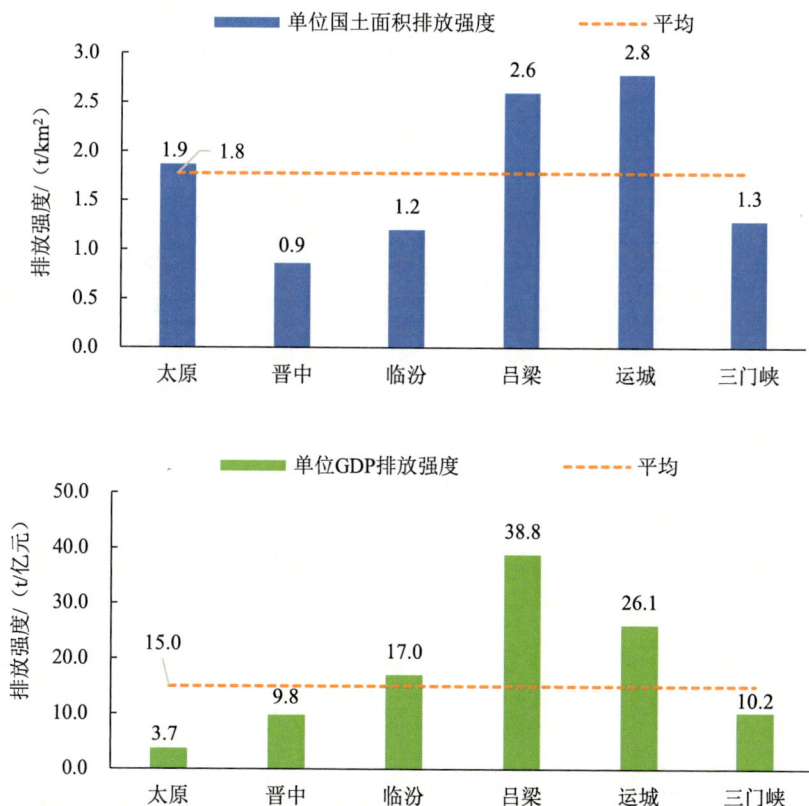

图 1-15　汾河平原各城市 SO_2 排放强度

汾河平原各城市 NO_x 单位国土面积平均排放强度为 3.3 t/km²，晋中、临汾、吕梁单位国土面积排放强度低于平均值，太原、运城和三门峡均高于平均水平，最高的是太原，单位国土面积排放强度为 6.0 t/km²，是平均排放强度的 1.8 倍；汾河平原各城市 NO_x 单位 GDP 平均排放强度为 28.1 t/亿元，除了太原单位 GDP 排放强度低于平均值外，其余城市均高于平均水平，最高的是运城，单位 GDP 排放强度为 43.4 t/亿元（图 1-16）。

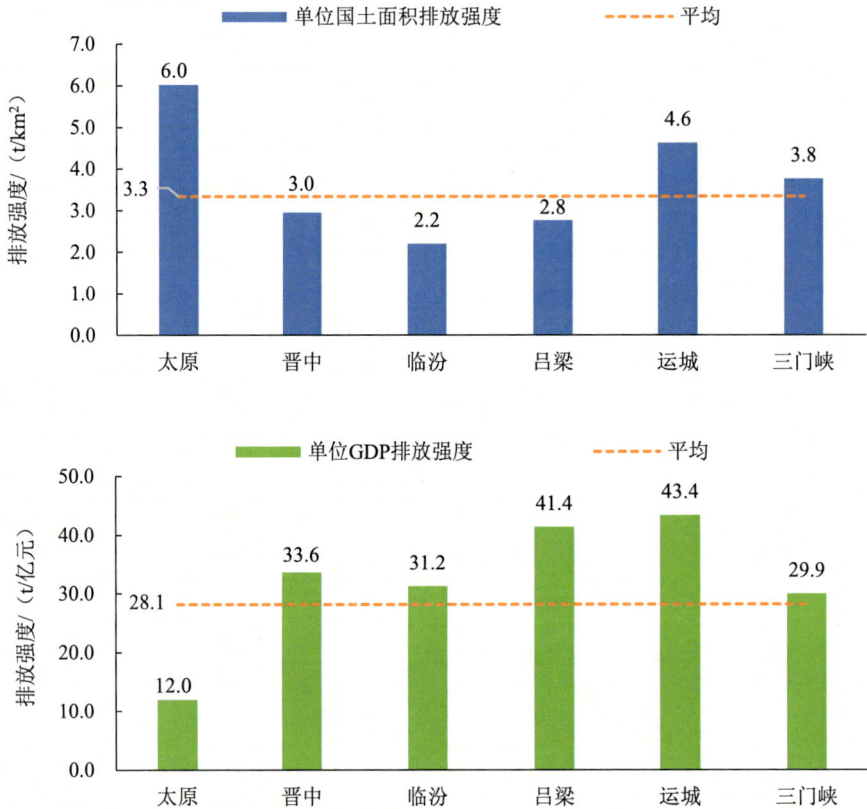

图 1-16　汾河平原各城市 NO_x 排放强度

汾河平原各城市 $PM_{2.5}$ 单位国土面积平均排放强度为 2.9 t/km²，运城单位国土面积排放强度最高，为 5.3 t/km²，其余 5 个城市均低于平均值或基本持平；汾河平原各城市 $PM_{2.5}$ 单位 GDP 平均排放强度为 24.8 t/亿元，除了太原、晋中、三门峡单位 GDP 排放强度低于平均值外，其余 3 个城市均高于平均水平，最高的是运城，单位 GDP 排放强度为 50.0 t/亿元（图 1-17）。

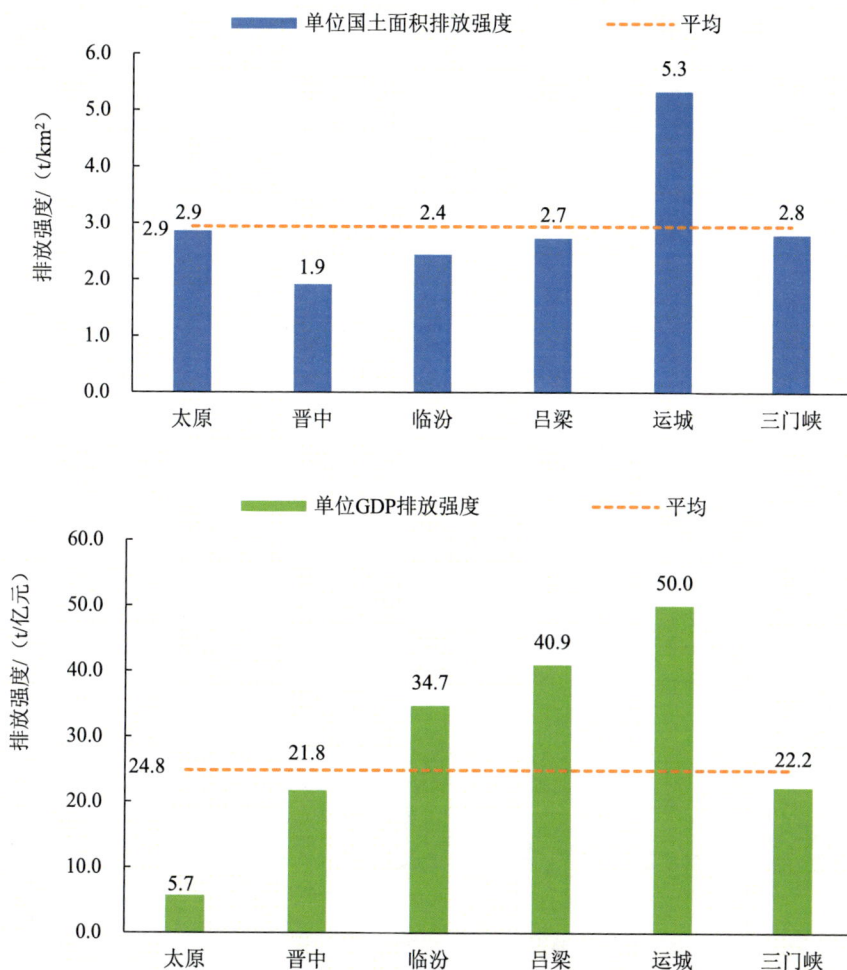

图 1-17　汾河平原各城市 PM$_{2.5}$ 排放强度

汾河平原各城市 VOCs 单位国土面积平均排放强度为 4.3 t/km^2，晋中、临汾和三门峡单位国土面积排放强度低于平均值或基本持平，太原、运城和吕梁均高于平均水平，最高的是太原，单位国土面积排放强度为 8.2 t/km^2，是平均排放强度的 1.9 倍；汾河平原各城市 VOCs 单位 GDP 平均排放强度为 36.1 t/亿元，除了太原、三门峡单位 GDP 排放强度低于平均值外，其余 4 个城市均高于平均水平，最高的是吕梁，单位 GDP 排放强度为 65.9 t/亿元（图 1-18）。

综上所述，运城、吕梁和太原主要污染物排放强度相对突出。运城 SO$_2$ 和 PM$_{2.5}$ 单位国土面积及 NO$_x$ 和 PM$_{2.5}$ 单位 GDP 排放强度均最高；吕梁 SO$_2$ 和 VOCs 单位 GDP 排放强度均最高；太原 NO$_x$ 和 VOCs 的单位国土面积排放强度均较高，但单位 GDP 排放强度并不突出。

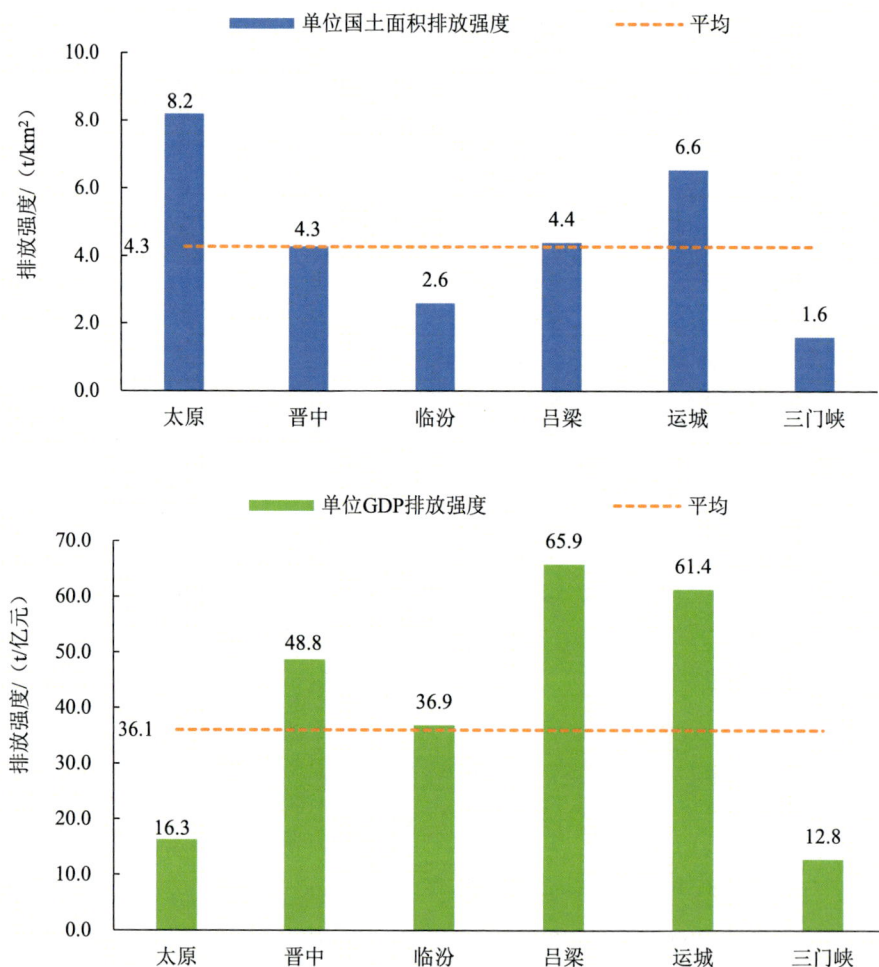

图 1-18   汾河平原各城市 VOCs 排放强度

（3）主要污染物排放来源

2019 年汾河平原 SO_2 共排放 16.0 万 t，其中 57.4%来自化石燃料固定燃烧源，40.0%来自工艺过程源，移动源和生物质燃烧源排放共计占 2.5%。从各城市的情况看，除了运城和三门峡工艺过程源 SO_2 排放量大于化石燃料固定燃烧源，其他 4 个城市均是化石燃料固定燃烧源 SO_2 排放量大于工艺过程源（表 1-3）。

表 1-3   2019 年汾河平原 SO_2 排放来源情况   单位：%

排放源	太原	晋中	临汾	吕梁	运城	三门峡	整体
化石燃料固定燃烧源	56.8	65.2	57.7	67.8	44.9	43.2	57.4
工艺过程源	38.2	30.2	38.3	31.1	53.1	53.5	40.0

排放源	太原	晋中	临汾	吕梁	运城	三门峡	整体
移动源	4.5	3.6	3.0	0.8	1.1	2.4	1.9
生物质燃烧源	0.2	0.8	1.1	0.3	0.9	0.9	0.6
废弃物处理源	0.3	0.1	0.0	0.0	0.0	0.0	0.0

2019 年汾河平原 NO_x 共排放 29.9 万 t，其中 36.9%来自移动源，34.2%来自工艺过程源，27.3%来自化石燃料固定燃烧源。从各城市的情况看，晋中 NO_x 的排放 56.6%来自移动源，其他城市 NO_x 排放来自移动源、工艺过程源和化石燃料固定燃烧源的占比都较高（表 1-4）。

表 1-4　2019 年汾河平原 NO_x 排放来源情况　　单位：%

排放源	太原	晋中	临汾	吕梁	运城	三门峡	整体
化石燃料固定燃烧源	27.0	14.4	25.1	35.6	35.8	19.0	27.3
工艺过程源	33.2	26.3	30.5	31.7	38.8	45.0	34.2
移动源	39.1	56.6	42.8	31.5	22.9	34.5	36.9
生物质燃烧源	0.2	2.3	1.6	1.2	2.5	1.6	1.6
废弃物处理源	0.5	0.3	0.0	0.0	0.0	0.0	0.1

2019 年汾河平原 $PM_{2.5}$ 共排放 26.4 万 t，其中 51.6%来自工艺过程源，22.1%来自扬尘源，21.0%来自化石燃料固定燃烧源，移动源、生物质燃烧源和餐饮源排放共计占 5.2%左右。从各城市的情况看，工艺过程源是临汾、吕梁、运城和三门峡 $PM_{2.5}$ 排放的主要来源，太原、晋中 $PM_{2.5}$ 排放主要来自扬尘源（表 1-5）。

表 1-5　2019 年汾河平原 $PM_{2.5}$ 排放来源情况　　单位：%

排放源	太原	晋中	临汾	吕梁	运城	三门峡	整体
化石燃料固定燃烧源	20.6	22.2	14.1	34.3	16.2	18.3	21.0
工艺过程源	14.2	18.3	57.4	55.3	62.1	68.5	51.6
移动源	3.0	3.8	2.5	1.7	1.1	2.5	2.1
扬尘源	56.0	51.8	21.7	5.6	20.2	5.4	22.1
生物质燃烧源	1.1	3.6	3.6	3.0	0.3	5.3	2.5
其他（餐饮）	5.1	0.3	0.7	0.1	0.1	0.1	0.6

2019 年汾河平原 VOCs 共排放 38.3 万 t，其中 73.7% 来自工艺过程源，10.2% 来自化石燃料固定燃烧源。从各城市的情况看，汾河平原 6 个城市 VOCs 排放均主要来自工艺过程源（表 1-6）。

表 1-6 2019 年汾河平原 VOCs 排放来源情况　　　单位：%

排放源	太原	晋中	临汾	吕梁	运城	三门峡	整体
化石燃料固定燃烧源	2.9	4.3	7.1	11.0	17.3	25.6	10.2
工艺过程源	70.2	83.1	68.7	79.3	72.1	38.8	73.7
移动源	13.9	7.1	15.0	5.1	7.5	15.4	9.2
溶剂使用源	8.5	2.2	4.6	2.1	1.2	8.1	3.5
生物质燃烧源	0.4	2.3	3.3	1.5	1.0	8.7	1.9
储存运输源	2.0	0.6	0.7	0.7	0.6	2.9	0.9
废弃物处理源	0.5	0.3	0.3	0.2	0.3	0.4	0.3
餐饮源	1.6	0.1	0.2	0.0	0.1	0.1	0.3

综上所述，汾河平原 SO_2 排放主要来自化石燃料固定燃烧源和工艺过程源，NO_x 排放主要来自移动源、工艺过程源和化石燃料固定燃烧源，$PM_{2.5}$ 排放主要来自工艺过程源、化石燃料固定燃烧源和扬尘源，VOCs 排放绝大多数来自工艺过程源。

1.2.2.2　工业源排放特征分析

2019 年，汾河平原工业源 SO_2 排放量为 9.5 万 t，NO_x 排放量为 17.7 万 t，VOCs 排放量为 31.0 万 t，NH_3 排放量为 4.5 万 t，PM_{10} 排放量为 26.1 万 t，$PM_{2.5}$ 排放量为 15.6 万 t，BC 排放量为 0.49 万 t，OC 排放量为 0.63 万 t。冶金、建材、焦化等是 SO_2、NO_x、$PM_{2.5}$ 和 PM_{10} 排放重点行业，焦化、石化与化工等是 VOCs 排放重点行业（表 1-7）。

表 1-7 2019 年汾河平原工业源主要污染物分行业排放分布　　　单位：t

行业	SO_2	NO_x	VOCs	NH_3	PM_{10}	$PM_{2.5}$	BC	OC
电力供热	16 653	45 012	4 955	49	18 292	13 317	41	1
工业锅炉	13 742	27 596	13 189	45	8 490	5 757	69	16
工业生物质锅炉	307	2 290	1 484	339	117	100	14	55
冶金	24 871	28 857	10 282	111	84 735	66 854	733	1 603
焦化	11 357	28 599	189 157	28	22 107	19 424	3 220	3 753

行业	SO_2	NO_x	VOCs	NH_3	PM_{10}	$PM_{2.5}$	BC	OC
建材	18 657	35 691	12 792	206	80 125	27 819	181	224
石化与化工	366	446	15 769	26 422	2 852	2 175	0	0
医药制造	0	0	15 235	0	0	0	0	0
表面涂层	—	—	5 988	—	—	—	—	—
印刷印染	—	—	251	—	—	—	—	—
废弃物处理	61	369	1 161	17 132	32	11	0	0
其他工业	8 632	8 531	39 244	562	44 471	20 054	610	603
合计	94 646	177 391	309 507	44 894	261 221	155 511	4 868	6 255

总体而言，汾河平原 6 个城市中（表 1-8），吕梁和运城工业源大气污染物总体排放量较高，排放量分别占汾河平原 SO_2 总排放量的 29.4% 和 27.1%，NO_x 总排放量的 20.7% 和 27.0%，$PM_{2.5}$ 总排放量的 24.8% 和 32.7%，VOCs 总排放量的 25.3% 和 24.8%。

表 1-8　2019 年汾河平原各城市工业源主要污染物排放量　　单位：t

城市	SO_2	NO_x	VOCs	NH_3	PM_{10}	$PM_{2.5}$	BC	OC
太原	11 029	24 251	44 504	2 901	8 368	5 554	124	267
晋中	6 703	19 407	61 419	9 150	11 911	5 897	151	300
临汾	12 397	24 152	38 308	1 016	44 334	30 769	3 284	3 572
吕梁	27 869	36 717	78 348	5 553	70 837	38 553	537	574
运城	25 683	47 814	76 657	24 356	77 414	50 786	733	1 370
三门峡	10 964	25 050	10 270	1 917	48 357	23 951	39	172
合计	94 646	177 391	309 507	44 894	261 221	155 511	4 868	6 255

（1）工业源 SO_2 排放特征

2019 年，汾河平原工业源 SO_2 排放 9.5 万 t，其中，冶金行业排放占比最高（26%），建材、电力供热、工业锅炉和焦化行业 SO_2 排放分别占 20%、18%、15% 和 12%（图 1-19）。

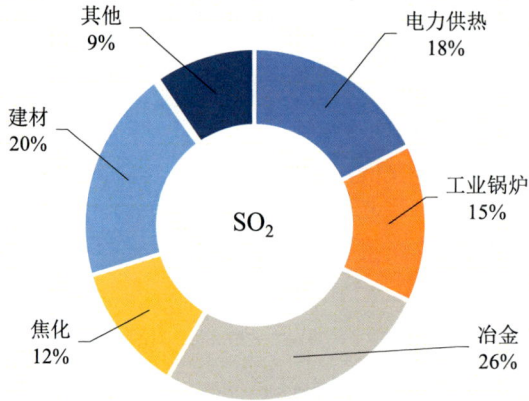

图 1-19 2019 年汾河平原工业源 SO₂ 排放行业分布

汾河平原工业源 SO₂ 排放情况如图 1-20 所示。由图可知，工业源 SO₂ 排放量最大的是吕梁，共排放 2.8 万 t，占汾河平原工业源 SO₂ 总排放量的 29.4%，其中，排放量最大的是冶金行业，占吕梁工业源 SO₂ 总排放量的 36.9%。工业源 SO₂ 排放量贡献第二位的是运城，共排放 2.6 万 t，占汾河平原工业源 SO₂ 总排放量的 27.1%，其中，排放量最大的是冶金行业，占运城工业源 SO₂ 总排放量的 29.9%。晋中工业源 SO₂ 排放量是汾河平原 6 个城市中最低的，共排放 0.7 万 t，占汾河平原工业源 SO₂ 总排放量的 7.1%。

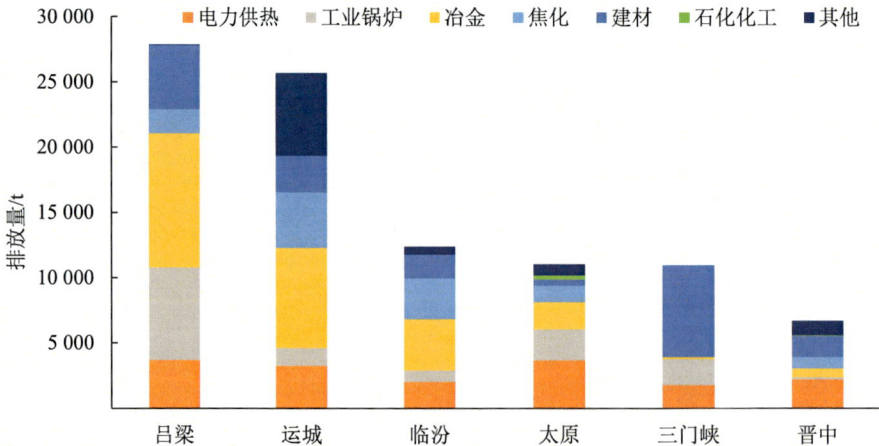

图 1-20 2019 年汾河平原工业源 SO₂ 排放情况

（2）工业源 NO$_x$ 排放特征

2019 年，汾河平原工业源 NO$_x$ 排放 17.7 万 t，其中，电力供热行业排放占比最高，占工业源 NO$_x$ 总排放量的 26%，建材、冶金、焦化和工业锅炉行业 NO$_x$ 排放分别占 20%、16%、16% 和 16%（图 1-21）。

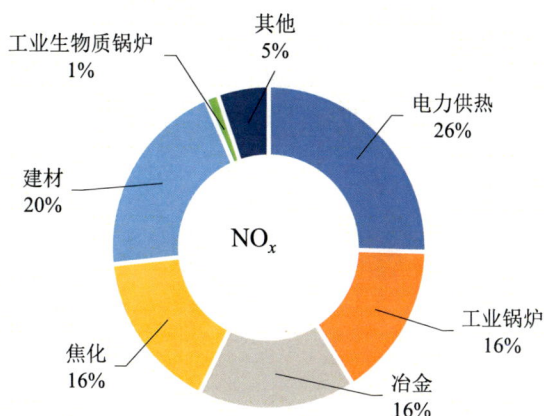

图 1-21　2019 年汾河平原工业源 NO_x 排放行业分布

汾河平原工业源 NO_x 排放情况如图 1-22 所示。由图 1-22 可知，工业源 NO_x 排放量最大的是运城，共排放 4.8 万 t，占汾河平原工业源 NO_x 总排放量的 27.1%，其中，排放量最大的是电力供热行业，占运城工业源 NO_x 总排放量的 33.1%。工业源 NO_x 排放量第二的是吕梁，共排放 3.7 万 t，占汾河平原工业源 NO_x 总排放量的 20.9%，其中，排放量最大的是工业锅炉行业，占吕梁工业源 NO_x 总排放量的 28.4%。晋中工业源 NO_x 排放量是汾河平原 6 个城市中最低的，共排放 1.9 万 t，占汾河平原工业源 NO_x 总排放量的 10.7%。

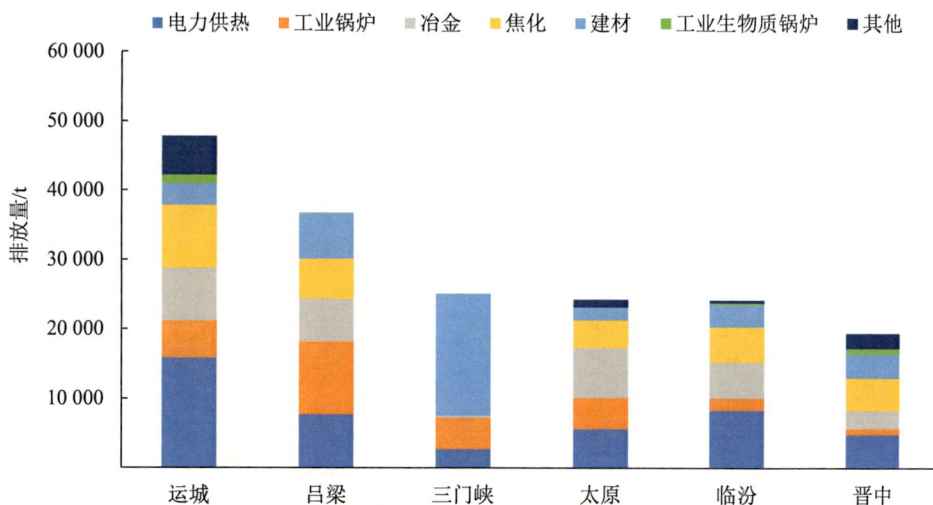

图 1-22　2019 年汾河平原各城市工业源 NO_x 排放情况

（3）工业源 $PM_{2.5}$ 排放特征

2019 年，汾河平原工业源 $PM_{2.5}$ 排放 15.6 万 t，其中，冶金行业排放占比最高，占 43%，建材、焦化和电力供热行业 $PM_{2.5}$ 排放量分别占 18%、12% 和 9%（图 1-23）。

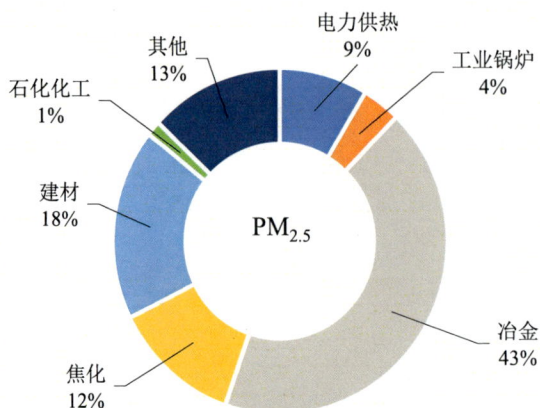

图 1-23　2019 年汾河平原工业源 PM$_{2.5}$ 排放行业分布

汾河平原工业源 PM$_{2.5}$ 排放情况如图 1-24 所示。由图 1-24 可知，工业源 PM$_{2.5}$ 排放量最大的是运城，共排放 5.1 万 t，占汾河平原工业源 PM$_{2.5}$ 总排放量的 32.7%，其中，排放量最大的是冶金行业，占运城工业源 PM$_{2.5}$ 总排放量的 39.3%。工业源 PM$_{2.5}$ 排放量贡献第二位的是吕梁，共排放 3.9 万 t，占汾河平原工业源 PM$_{2.5}$ 总排放量的 24.8%，其中，排放量最大的是冶金行业，占吕梁工业源 PM$_{2.5}$ 总排放量的 45.3%。太原工业源 PM$_{2.5}$ 排放量是汾河平原 6 个城市中最低的，共排放 0.6 万 t，占汾河平原工业源 PM$_{2.5}$ 总排放量的 3.8%。

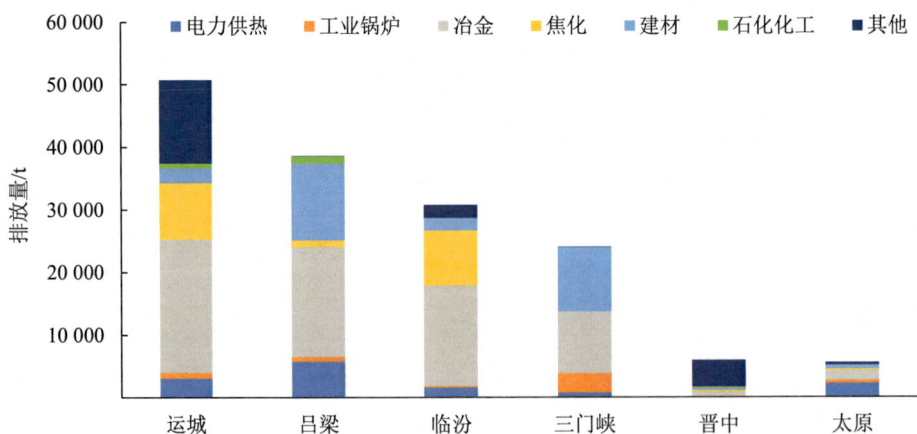

图 1-24　2019 年汾河平原工业源 PM$_{2.5}$ 排放情况

（4）工业源 VOCs 排放特征

2019 年，汾河平原工业源 VOCs 排放 31.0 t，其中，焦化行业排放量占比最高（61%），石化化工、医药制造行业 VOCs 排放量分别占 5% 和 5%，此外，其他工业 VOCs 排放量占汾河平原工业源 VOCs 总排放量的 13%（图 1-25）。

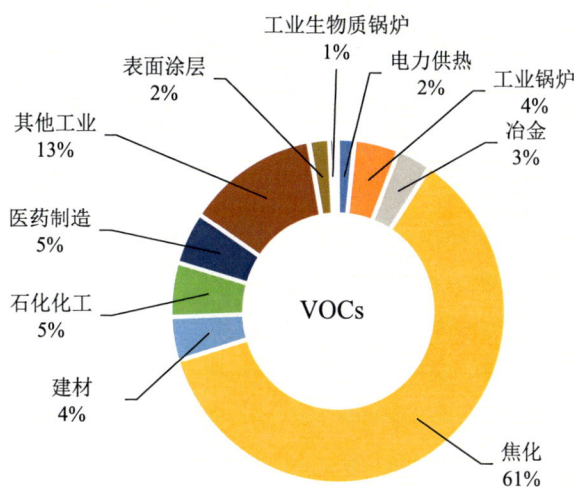

图 1-25　2019 年汾河平原工业源 VOCs 排放行业分布

　　汾河平原工业源 VOCs 排放情况如图 1-26 所示。由图 1-26 可知，工业源 VOCs 排放量最大的是吕梁，共排放 7.8 万 t，占汾河平原工业源 VOCs 总排放量的 25.2%，其中，排放量最大的是焦化行业，占吕梁工业源 VOCs 总排放量的 76.2%。工业源 VOCs 排放量贡献第二位的是运城，共排放 7.7 万 t，占汾河平原工业源 VOCs 总排放量的 24.8%，其中，排放量最大的是焦化行业，占运城工业源 VOCs 总排放量的 50.9%。三门峡工业源 VOCs 排放量是汾河平原 6 个城市中最低的，共排放 1.0 万 t，占汾河平原工业源 VOCs 总排放量的 3.2%。

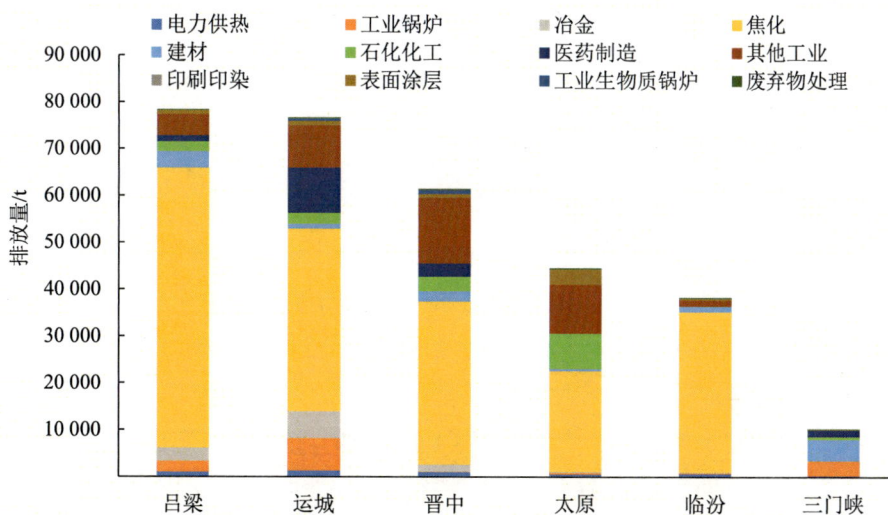

图 1-26　2019 年汾河平原工业源 VOCs 排放情况

1.2.2.3 移动源排放特征分析

2019 年，汾河平原移动源 SO_2 排放量为 0.3 万 t，NO_x 排放量为 11.0 万 t，VOCs 排放量为 3.5 万 t，NH_3 排放量为 0.2 万 t，PM_{10} 排放量为 0.6 万 t，$PM_{2.5}$ 排放量为 0.6 万 t，BC 排放量为 0.3 万 t，OC 排放量为 0.1 万 t。道路移动源是汾河平原移动源中大气污染物排放最主要的来源（表 1-9）。

表 1-9　2019 年汾河平原移动源主要污染物排放分布　　　　单位：t

类型	SO_2	NO_x	VOCs	NH_3	PM_{10}	$PM_{2.5}$	BC	OC
道路移动源	1 817	71 038	28 269	2 194	3 127	2 851	1 439	539
非道路移动源	1 184	39 193	6 973	0	2 829	2 672	1 657	519
合计	3 001	110 231	35 241	2 194	5 956	5 522	3 097	1 058

移动源 NO_x 排放量较大的是晋中和临汾，排放量分别为 2.7 万 t 和 1.9 万 t，分别占汾河平原移动源 NO_x 总排放量的 24.5% 和 17.3%；移动源 VOCs 排放量较大的是太原和临汾，排放量均约为 0.8 万 t，分别占汾河平原移动源 VOCs 总排放量的 22.5% 和 22.8%。

表 1-10　2019 年汾河平原各城市移动源主要污染物排放量　　　　单位：t

城市	SO_2	NO_x	VOCs	NH_3	PM_{10}	$PM_{2.5}$	BC	OC
太原	582	16 383	7 938	824	643	601	261	96
晋中	509	27 427	4 998	279	1 267	1 178	695	206
临汾	730	19 402	8 056	171	1 372	1 243	697	219
吕梁	432	18 435	4 704	368	1 030	964	564	199
运城	421	14 979	6 945	402	865	807	440	188
三门峡	327	13 605	2 600	149	780	730	439	150
合计	3 001	110 231	35 241	2 194	5 956	5 522	3 097	1 058

综上所述，汾河平原移动源中，道路移动源是大气污染物排放最主要的来源，SO_2、NO_x、VOCs、NH_3、PM_{10}、$PM_{2.5}$、BC 和 OC 排放分别占 61%、64%、80%、100%、53%、52%、46% 和 51%；在汾河平原 6 个城市中，太原移动源各项污染物的排放量均处于高位。

1.2.2.4 面源排放特征分析

2019 年，汾河平原面源 SO_2 排放量为 6.2 万 t，NO_x 排放量为 1.1 万 t，VOCs 排放量为 3.9 万 t，NH_3 排放量为 12.8 万 t，PM_{10} 排放量为 30.4 万 t，$PM_{2.5}$ 排放量为 10.3 万 t，BC 排放量为 1.2 万 t，OC 排放量为 1.8 万 t。面源 SO_2 和 NO_x 的排放主要来自民用燃烧

源，颗粒物的排放主要来自扬尘源和民用燃烧源，VOCs 的排放主要来自民用燃烧源、溶剂使用源和生物质燃烧源，NH$_3$ 的排放主要来自农业源（表 1-11）。

表 1-11　2019 年汾河平原面源主要污染物排放分布　　单位：t

一级源分类	二级源分类	SO$_2$	NO$_x$	VOCs	NH$_3$	PM$_{10}$	PM$_{2.5}$	BC	OC
化石燃料固定燃烧源	民用锅炉	2 841	1 944	57	0	1 644	612	7	1
	民用燃烧	58 351	6 862	20 853	101	46 359	35 859	10 589	12 787
溶剂使用源	农药使用	0	0	1 039	0	0	0	0	0
	其他溶剂	0	0	6 032	0	0	0	0	0
农业源	畜禽养殖	0	0	0	76 412	0	0	0	0
	氮肥施用	0	0	0	35 181	0	0	0	0
	固氮植物	0	0	0	107	0	0	0	0
	秸秆堆肥	0	0	0	1 262	0	0	0	0
	人体粪便	0	0	0	10 034	0	0	0	0
	土壤本底	0	0	0	3 634	0	0	0	0
扬尘源	道路扬尘	0	0	0	0	151 933	39 474	0	0
	堆场扬尘	0	0	0	0	11 662	2 961	0	0
	施工扬尘	0	0	0	0	66 170	15 443	0	0
	土壤扬尘	0	0	0	0	17 426	506	0	0
生物质燃烧源	生物质炉灶	434	812	2 359	1 004	2 527	2 191	331	1 536
	生物质开放燃烧	287	1 765	3 539	405	4 471	4 381	605	2 673
储存运输源	加油站	0	0	1 460	0	0	0	0	0
	油气储存	0	0	118	0	0	0	0	0
	油气运输	0	0	2 041	0	0	0	0	0
其他排放源	餐饮	0	0	1 210	0	2 037	1 629	33	1 141
合计		61 914	11 383	38 707	128 141	304 228	103 057	11 564	18 137

（1）面源颗粒物排放特征

2019 年，汾河平原面源 PM$_{2.5}$ 排放 10.3 万 t，其中，道路扬尘源排放占比最高，占 38%，其次民用燃烧和施工扬尘排放占比相对较高，分别占 35% 和 15%，其余的生物质开放燃烧、堆场扬尘、生物质炉灶、餐饮和民用锅炉 PM$_{2.5}$ 排放量分别占 4%、3%、2%、2% 和 1%（图 1-27）。

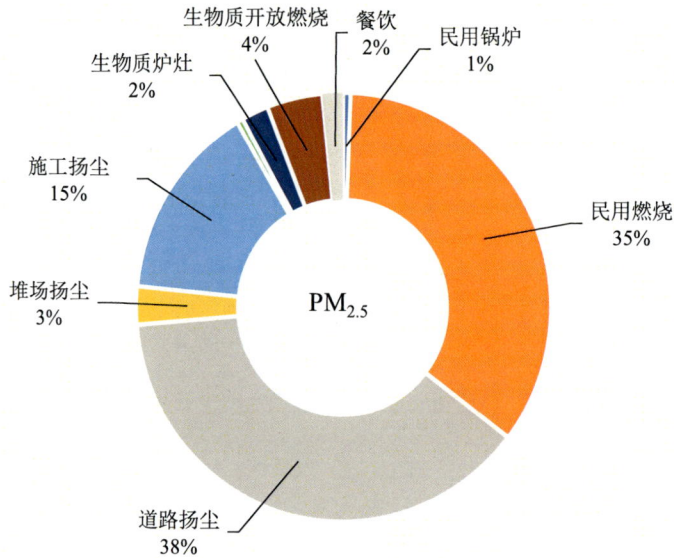

图 1-27　2019 年汾河平原面源 PM2.5 排放分布

（2）面源 VOCs 排放特征

2019 年，汾河平原面源 VOCs 排放 3.9 万 t，其中，民用燃烧源排放占比最高，占 54%，其次其他溶剂面源 VOCs 排放量相对较高，占 16%，其余的生物质开放燃烧、生物质炉灶、油气运输、加油站、餐饮、农药使用和油气储存 VOCs 排放量分别占 9%、6%、5%、4%、3%、3%和 1%（图 1-28）。

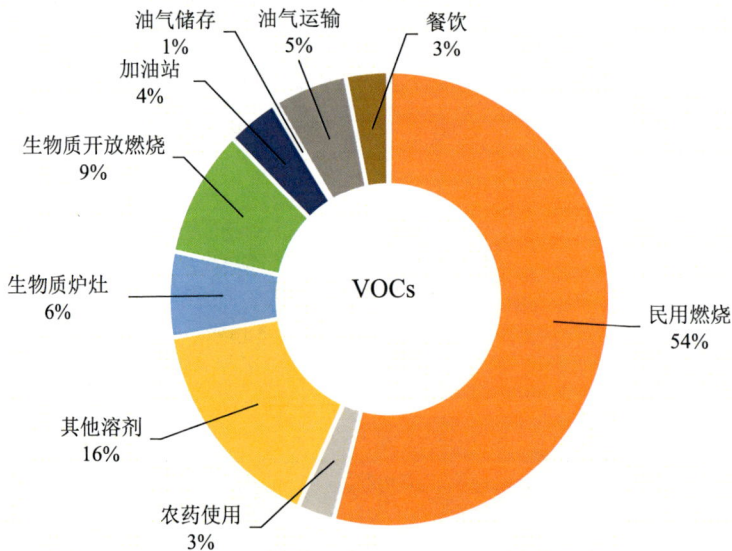

图 1-28　2019 年汾河平原面源 VOCs 排放分布

2

汾河平原 $PM_{2.5}$ 和 O_3 污染的来源研究

2.1 研究方法

2.1.1 模式系统介绍

汾河平原大气 $PM_{2.5}$ 和 O_3 浓度的来源解析使用的空气质量数值模拟系统 Models-3/CMAQ 由 3 部分组成：①气象模型 WRFv4.1（Weather Research and Forecasting Model）；②排放源清单处理模型，包括 SMOKEv3.7（Sparse Matrix Operator Kernel Emission System）和新一代天然源气体和气溶胶排放模型 MEGANv3.1（the Model of Emissions of Gases and Aerosols from Nature）；③多尺度区域空气质量模型 CMAQv5.3.3（Community Multi-scale Air Quality Modeling System）。该模式系统整体结构如图 2-1 所示。

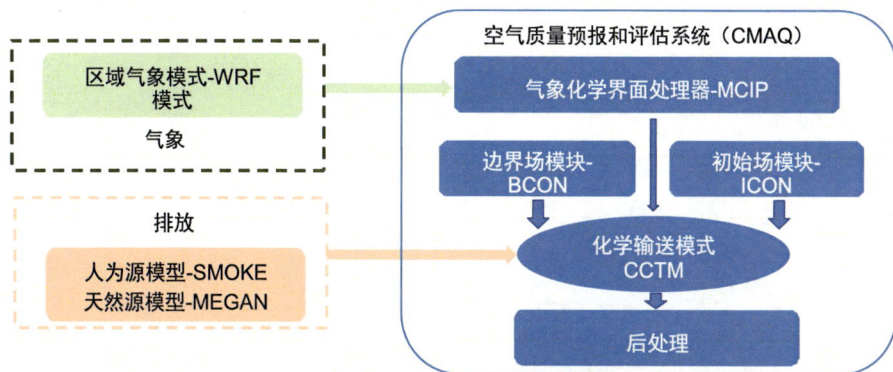

图 2-1　空气质量数值模拟系统 Models-3/CMAQ 结构

2.1.1.1　中尺度气象模型 WRF

WRF 模式是一种高分辨率、开源的数值天气预报模型，广泛用于天气预报、气候研究和气象模拟。由美国国家大气研究中心（NCAR）、美国国家气象局（NWS）、美国国家海洋和大气管理局（NOAA）等机构联合开发，旨在提供精确的局地和区域气象模拟。WRF 采用灵活的模块化设计，支持多物理方案和不同的网格配置，用户可以根据需求选择适当的物理过程、边界条件和网格类型。它可以模拟大气动力学、辐射、云物理、湍流、地表过程等多种大气现象，并支持高分辨率的嵌套网格。WRF 广泛应用于天气预报、气候变化研究、大气污染扩散、灾害预警等领域。作为开源软件，WRF 还得到了全球科研社区的持续改进与支持。

2.1.1.2　清单处理模型 SMOKE 和 MEGAN

SMOKE 模型是一种用于大气污染物排放清单处理的模型工具。它最早由美国国家环境保护局（EPA）开发，目的是将复杂的排放清单数据转化为适合空气质量模型（如 CMAQ 和 CAMx）输入的格式文件。SMOKE 模型处理清单的核心功能包括空间分配、时间分配和物种分配。空间分配即为 SMOKE 根据地理信息将区域性排放清单的数据转化为特定的网格化排放信息，从而适配空气质量模型的空间分辨率需求；时间分配即为将年、月或日尺度的排放数据分配到小时尺度，以满足大气模型的动态模拟需求；物种分配即将原始排放物质分配成不同的化学组分，如将 VOCs 拆解为多种不同的反应性化学组分。SMOKE 模型在使用时需要一些本地化参数，主要涉及的有区域代码、排放源代码、空间地理信息及时间谱等。通常情况下，人们在建立排放清单时首先得到的是污染物年总排放量，然后通过运行 SMOKE 模型进行空间化、物种化和时间化，进而获得空气质量模型（如 CMAQ）某特定化学机制物种的某时间分辨率（如小时）空间网格化的排放清单数据文件。

MEGAN 是一个用于估算天然源（如森林、农业、土壤等）排放的模型，尤其关注 VOCs 和其他大气污染物的自然排放。该模型通常用于为空气质量模型提供天然源排放清单。MEGAN 模型所需要的输入数据通常包括气象数据、土地利用数据、各种天然源排放因子及叶面指数等参数。

2.1.1.3　多尺度空气质量模型 CMAQ

CMAQ 模型是一种多尺度、开源的区域数值空气质量模型，常被用于模拟和评估空气中气态和颗粒态的污染物浓度，以及这些污染物对环境和公共健康的影响。CMAQ 模型集成了大气化学、气象学、气溶胶物理学和污染物扩散等多种过程，能够模拟从局地到区域甚至更广范围内的空气质量情况。它采用了多尺度的模拟框架，支持从大尺度气候模拟到局地空气质量预报的多层次网格系统。CMAQ 模型能够处理气体化学反应、气溶胶生成、污染物传输和沉降等过程，并与气象预报系统（如 WRF）耦合，提供高分辨率的预测结果。CMAQ 的应用范围广泛，包括评估空气质量管理措施、分析气候变化对空气质量的影响、研究污染物对生态系统的沉积效应，以及评估空气污染对公众健康的潜在风险。通过模拟不同的政策情景，CMAQ 为决策者提供了科学依据，帮助制定有效的空气质量管理和污染控制策略。此外，CMAQ 还是一个开放源代码模型，全球的研究人员和政策制定者可以自由使用和改进。

2.1.2　研究区域

　　汾河平原位于山西省中部和南部，北接忻州盆地，南接渭河平原，是因汾河冲积而成的河套平原，可分为北部的太原盆地和南部的临汾盆地，是重要的农业区。汾河平原包含山西省的太原、吕梁、晋中、运城、临汾，河南省的三门峡。为深入了解汾河平原大气污染传输规律，为科学划定汾河平原大气污染联防联控区域范围、开展区域大气污染联防联控提供技术支撑，本书利用空气质量模型 CMAQ 的 ISAM 技术量化汾河平原大气 $PM_{2.5}$ 和 O_3 的空间和源类贡献。模式系统中设置的区域解析城市为 32 个城市，包括河北省的石家庄、邢台和邯郸，河南省的三门峡、南阳、平顶山、郑州、焦作、洛阳，山西省的忻州、长治、阳泉、晋城、晋中、临汾、运城、太原、吕梁，陕西省的榆林、延安、铜川、渭南、西安、宝鸡、汉中、安康、咸阳、商洛，甘肃省的平凉、天水、陇南、庆阳。研究区域如图 2-2 所示。

图 2-2　空气质量模式系统的研究区域

2.1.3　模式系统设置

　　本书采用 WRFv4.1 和 CMAQv5.3.3 模式系统模拟区域的气象场和大气污染物浓度场，

开展汾河平原的大气 PM$_{2.5}$ 和 O$_3$ 来源解析研究工作。设置双层嵌套域，外层区域水平网格分辨率为 36km，内层为 12km，投影方式均采用兰伯特地图投影（Lambert Conic Conformal），中心经纬度为 110°E，34°N。WRF 和 CMAQ 外层区域网格数分别为 185×148 个、173×136 个，覆盖我国所有地区；第二层区域网格数分别为 192×171 个、180×159 个，覆盖河北省、山西省、河南省、陕西省等多个省份，同时涵盖了汾河平原的 6 个城市及其周边区域。本书重点关注汾河平原的 6 个城市及其周边区域。WRF 模拟采用美国国家环境预报中心（NCEP）的 FNL（Final Analysis）数据作为 WRF 模式的初始气象条件和边界气象条件，该数据的空间分辨率为 0.5°×0.5°，时间分辨率为 3h。选用的物理过程方案如表 2-1 所示。CMAQ 第一层和第二层模拟区域的污染物排放清单采用清华大学 2019 年建立的多尺度中国排放清单 MEIC（http：//www.meicmodel.org/），主要包括农业、电厂、工业、机动车等排放源，污染物包括 PM$_{2.5}$、PM$_{10}$、SO$_2$、NO$_x$、CO、NH$_3$ 等多种大气污染物，空间分辨率为 0.25°。由于 MEIC 清单无扬尘源，本次模拟采用汾河平原城市大气污染源排放清单中的扬尘源排放数据。

表 2-1　物理过程方案

参数方案选择	
长波辐射方案	RRTM
短波辐射过程方案	Goddard
近地面过程方案	Noah land surface model
微物理过程方案	Purdue-Lin
行星边界层方案	Yonsei University（YSU）　scheme

通过 SMOKE 模型处理，生成与 CMAQ 模式一致的区域网格化排放清单文件。外层区域的初始条件和边界条件采用 CMAQ 中默认配置文件，而内层区域的边界条件来自外层区域的模拟结果。由于初始条件均使用默认配置文件，因而实际模拟时均提前 15 天作为 spin-up，来消除初始条件的影响。化学机制采用 cb6r3_ae7_aq。

2.2　空气质量模型系统的可靠性校验

2.2.1　汾河平原污染特征分析

汾河平原 6 个城市 2021 年 1 月、2 月和 12 月的 PM$_{2.5}$ 小时浓度观测值如图 2-3 所示。整体来看，1 月的 PM$_{2.5}$ 浓度最高，12 月出现 PM$_{2.5}$ 较高浓度的频率比较高，因此本书对

1 月和 12 月进行模拟，以代表汾河平原冬季的污染情况。从图 2-3 可以看出，1 月 20—25 日有一个显著的污染过程，其间太原和运城的颗粒物浓度较高，三门峡的 PM$_{2.5}$ 浓度也处在较高水平。另外，1 月 13—14 日，汾河平原各城市的 PM$_{2.5}$ 浓度均呈现高位，这是一次典型的沙尘暴事件。

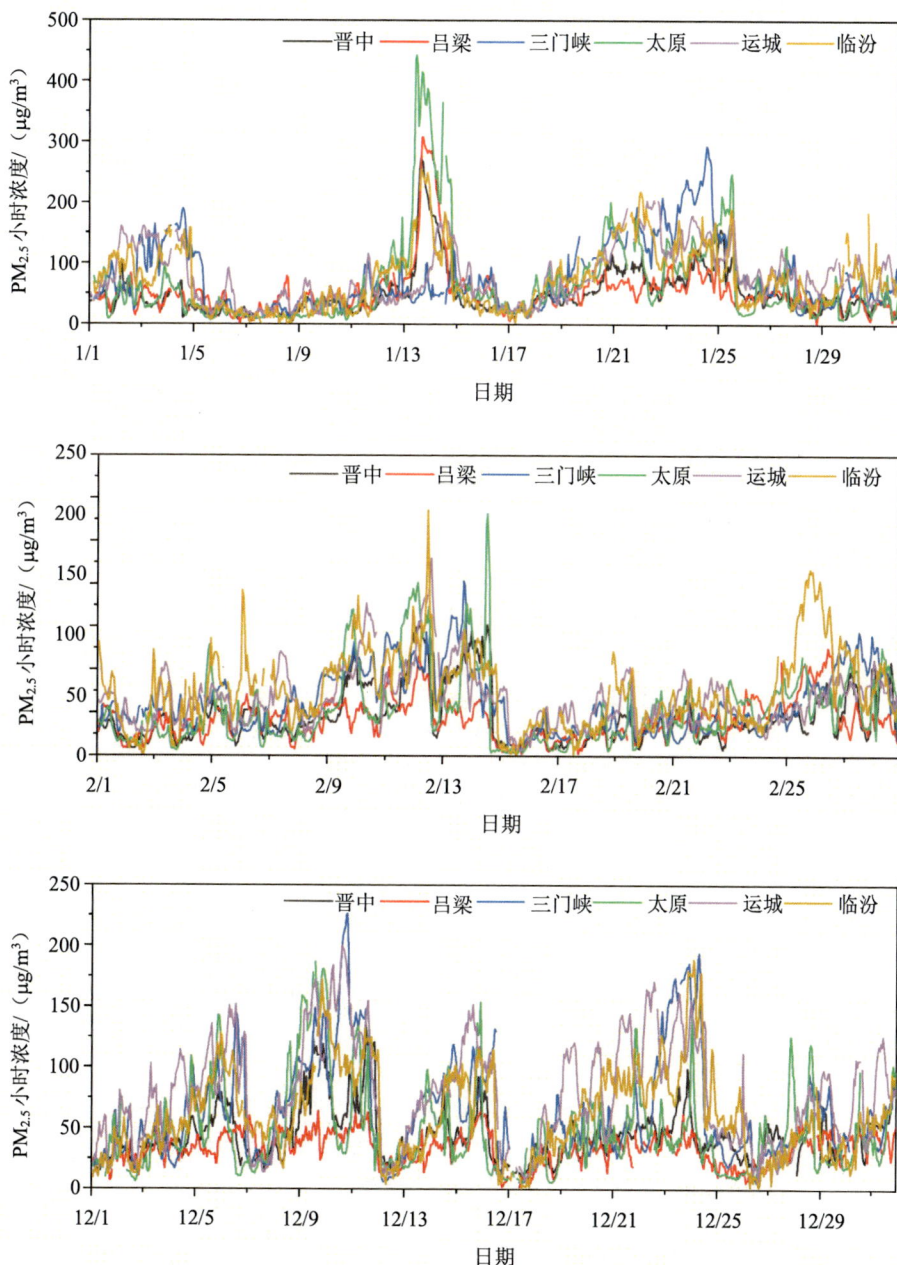

图 2-3　PM$_{2.5}$ 小时浓度观测值时间序列图（2021 年 1 月、2 月和 12 月）

汾河平原 2021 年 6 月、7 月和 8 月的 O_3 小时浓度观测值如图 2-4 所示。整体来看，7 月初的 O_3 浓度最高，因此，本次模拟选取 7 月作为夏季的代表月份。

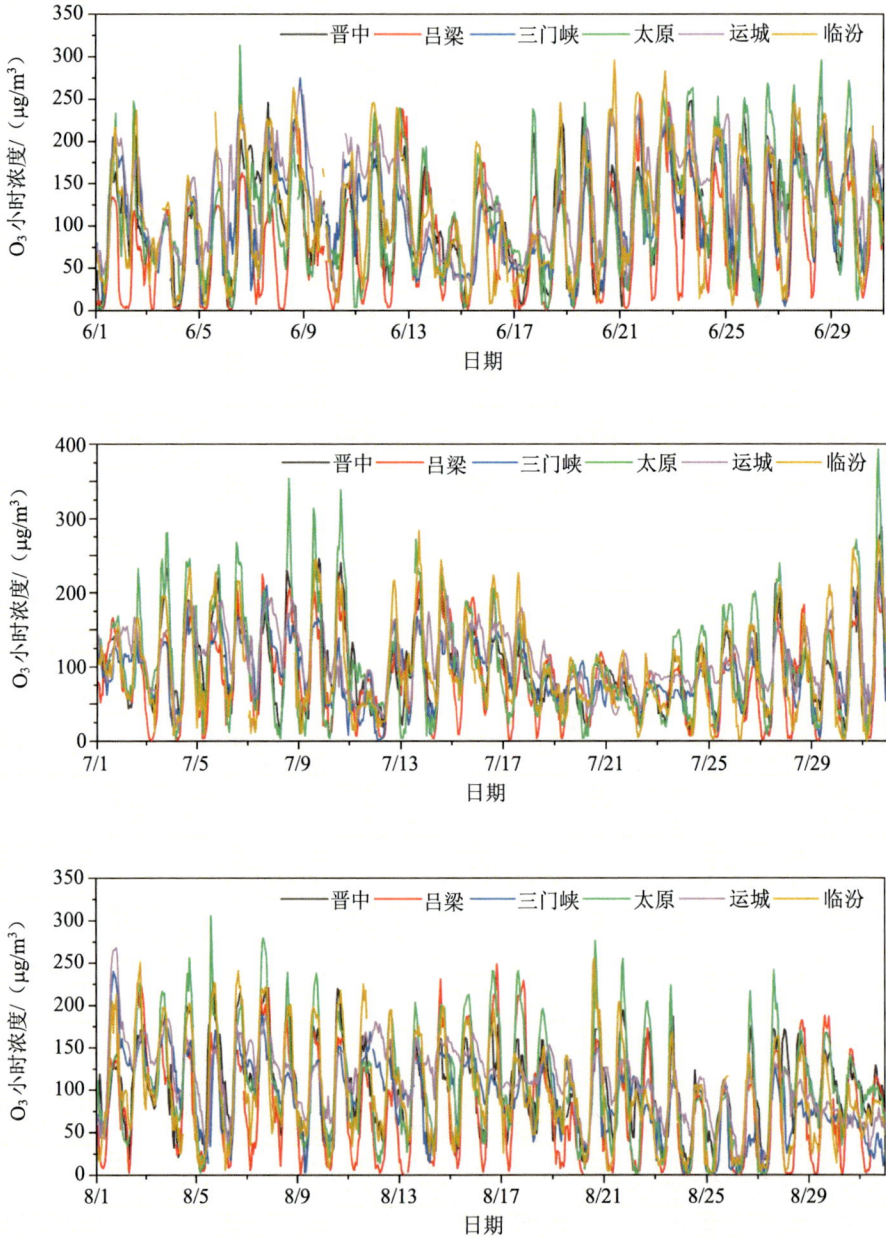

图 2-4　O_3 小时浓度观测值时间序列图（2021 年 6 月、7 月和 8 月）

2.2.2 空气质量模式系统的可靠性校验

本书采用生态环境部公开发布的空气质量监测数据及汾河平原本地观测的组分浓度数据对本模式系统的模拟性能进行了校验。

2.2.2.1 模拟与观测的空间分布比较

图 2-5 和图 2-6 分别显示了 2021 年 1 月、4 月、7 月和 10 月的 $PM_{2.5}$ 和 O_3 模拟浓度与观测浓度的空间分布对比。1 月 $PM_{2.5}$ 浓度显著高于其他月份；4 月和 10 月的 $PM_{2.5}$ 模拟浓度略微被低估,但是模拟值的空间分布特征与观测的空间特征一致性较好。7 月的汾河平原甚至大部分的山西省均呈现高 O_3 浓度的特征,而且模拟值与观测浓度吻合度较高；4 月 O_3 的模拟浓度稍低于观测浓度,1 月和 10 月的模拟值与观测浓度吻合度也较高；各月份的 O_3 模拟浓度与观测浓度的空间分布均具有较好的一致性。空气质量模式模拟的不确定性主要来自气象场的模拟误差、排放清单的不确定性,以及空气质量模型本身的化学机制的偏差。总体来看, $PM_{2.5}$ 浓度在夏季低、冬季高, O_3 浓度在夏季高、冬季低,两个污染物的模拟浓度均能较好地捕捉观测浓度分布规律。

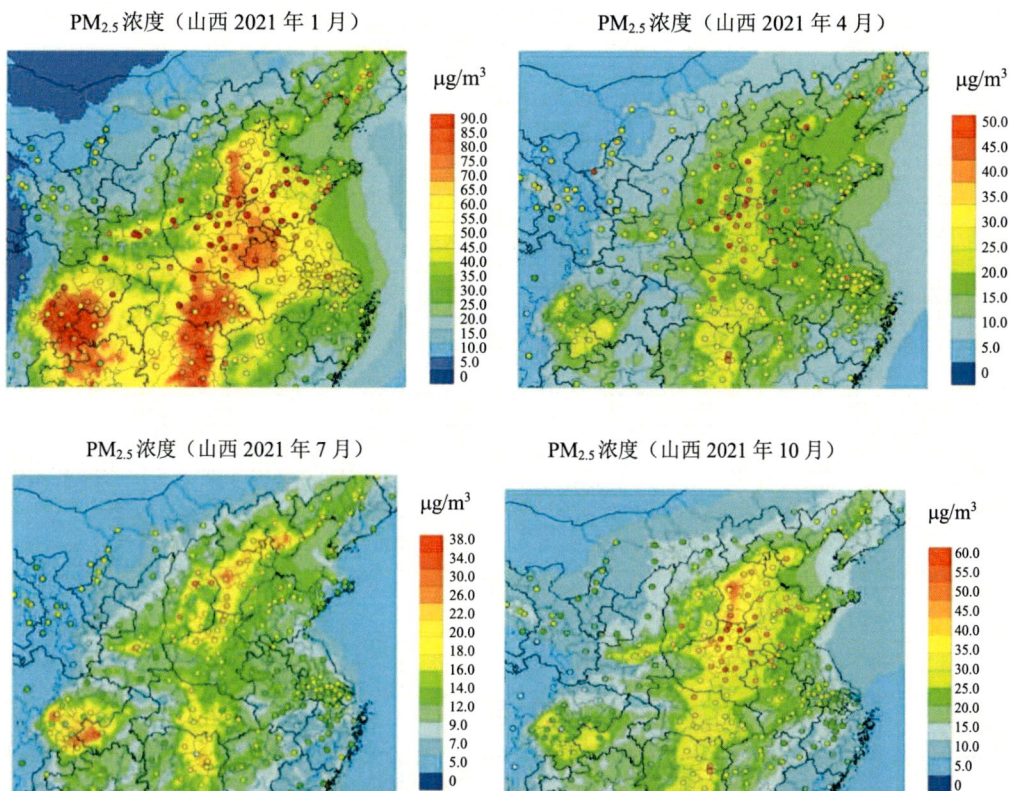

图 2-5 PM₂.₅ 模拟与观测的空间分布比较（2021 年 1 月、4 月、7 月和 10 月）

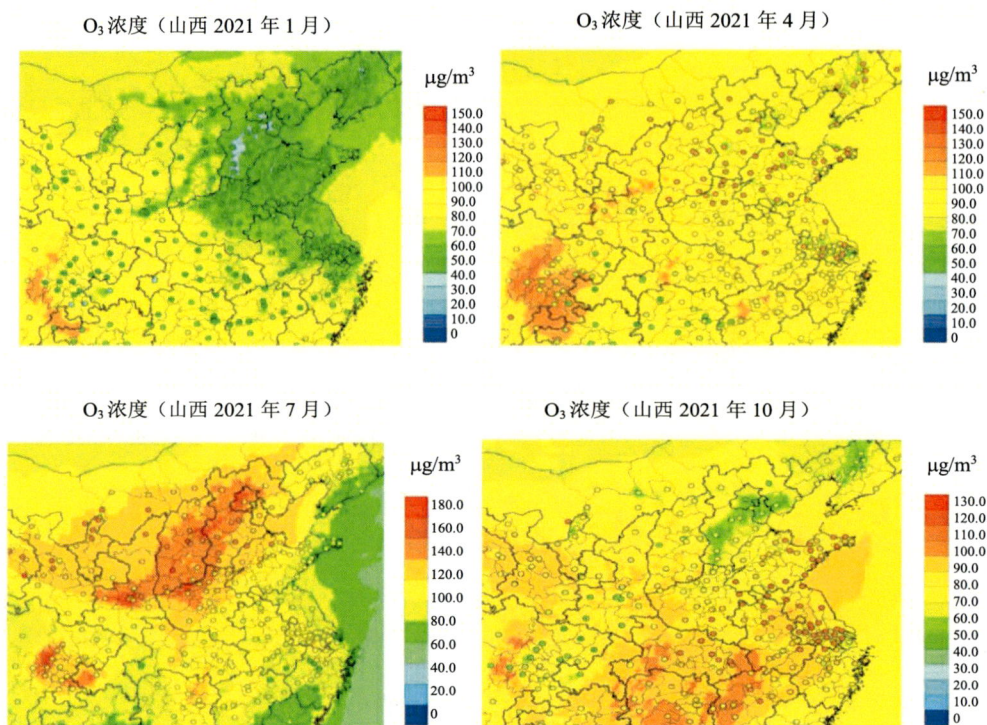

图 2-6　O₃ 模拟与观测的空间分布比较（2021 年 1 月、4 月、7 月和 10 月）

2.2.2.2　污染物及组分的模拟小时浓度与观测浓度的比较

（1）PM$_{2.5}$ 及组分浓度

2021 年 1 月汾河平原 6 个城市 PM$_{2.5}$ 小时模拟浓度与观测浓度的比较如图 2-7 所示。图 2-7 中 1 月 12—13 日沙尘暴天气造成的 PM$_{2.5}$ 小时浓度极高值已被剔除；从图 2-7 中可以看出，除三门峡 PM$_{2.5}$ 模拟浓度整体偏低外，其余 5 个城市的 PM$_{2.5}$ 模拟浓度基本能重现观测浓度的趋势；整体上，该空气质量模式系统对 PM$_{2.5}$ 浓度模拟效果较好。从 2021 年 12 月汾河平原 6 个城市 PM$_{2.5}$ 模拟浓度与观测浓度的小时序列（图 2-8）可以看出，晋

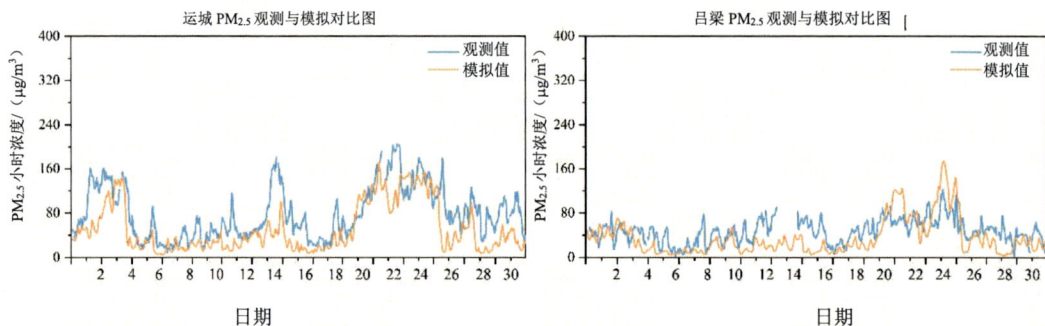

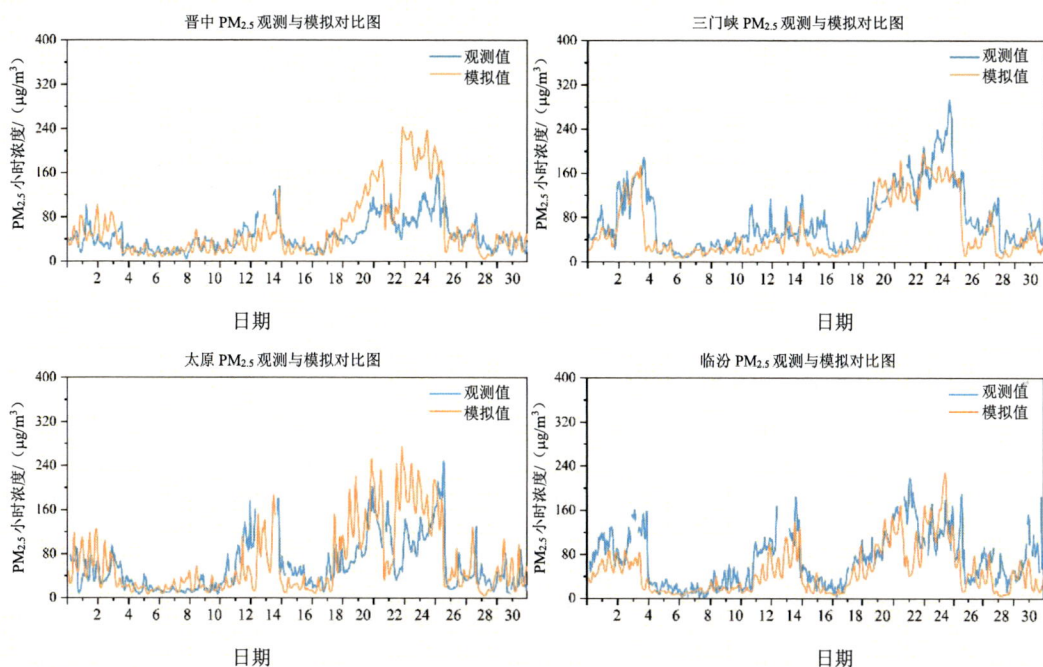

图 2-7   2021 年 1 月汾河平原各城市 PM$_{2.5}$ 小时模拟浓度与观测浓度比较

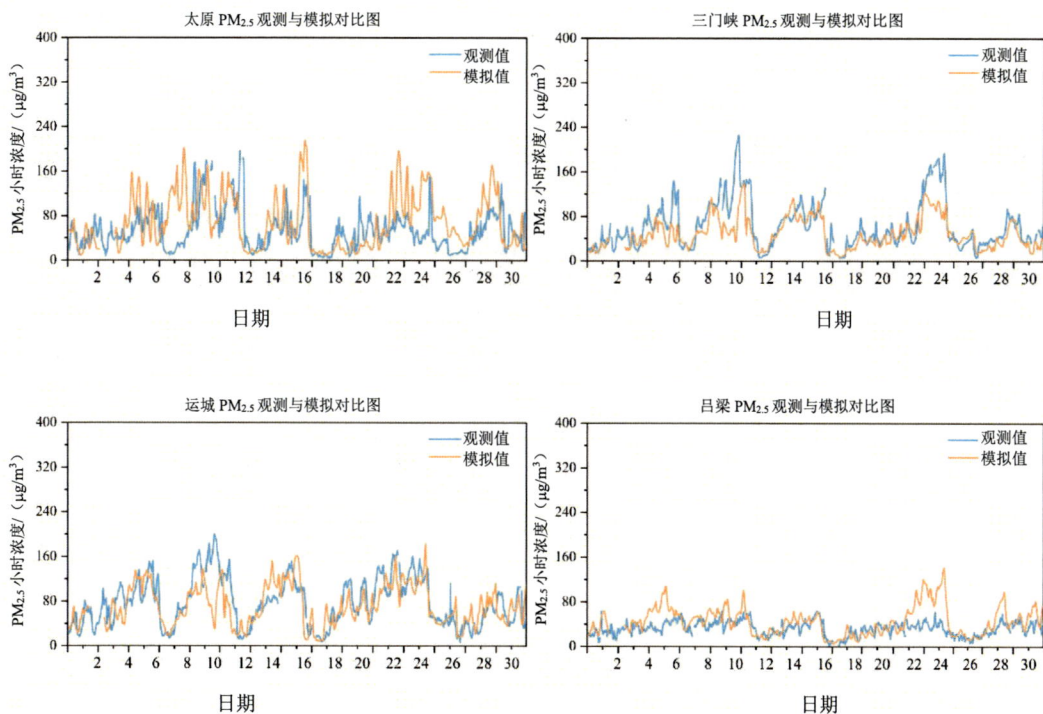

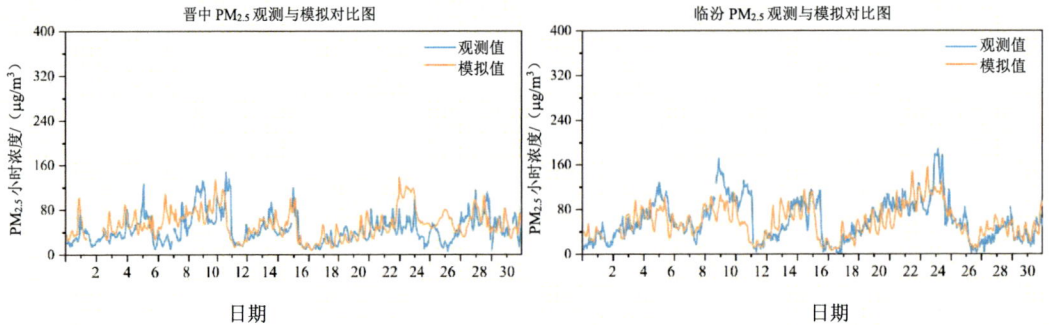

图 2-8 2021 年 12 月汾河平原各城市 PM$_{2.5}$ 小时模拟浓度与观测浓度比较

中、临汾、三门峡和运城模拟的 PM$_{2.5}$ 浓度基本能反映观测值的变化特征，模拟效果较好，而吕梁和太原模拟值略被高估；模拟值和观测值的散点基本落在 ±50% 误差以内；总体来说，该空气质量模式系统能较好地重现 12 月 PM$_{2.5}$ 小时浓度的变化。

太原 1 月 PM$_{2.5}$ 中硫酸盐、铵盐和硝酸盐的小时模拟浓度与观测值比较如图 2-9 所示，其中观测值为红线，模拟值为黑线。在 20—25 日的污染事件期间，硫酸盐、硝酸盐和铵盐均出现了小时浓度高值，虽然铵盐的模拟浓度有些被低估，但也能较好地体现重污染过程期间铵盐高浓度（图 2-10）。在 20—25 日，硫酸盐和硝酸盐的小时模拟浓度跟观测浓度一致性较好（图 2-9）。12 月汾河平原 6 个城市 PM$_{2.5}$ 模拟值和观测值比较见图 12-11。

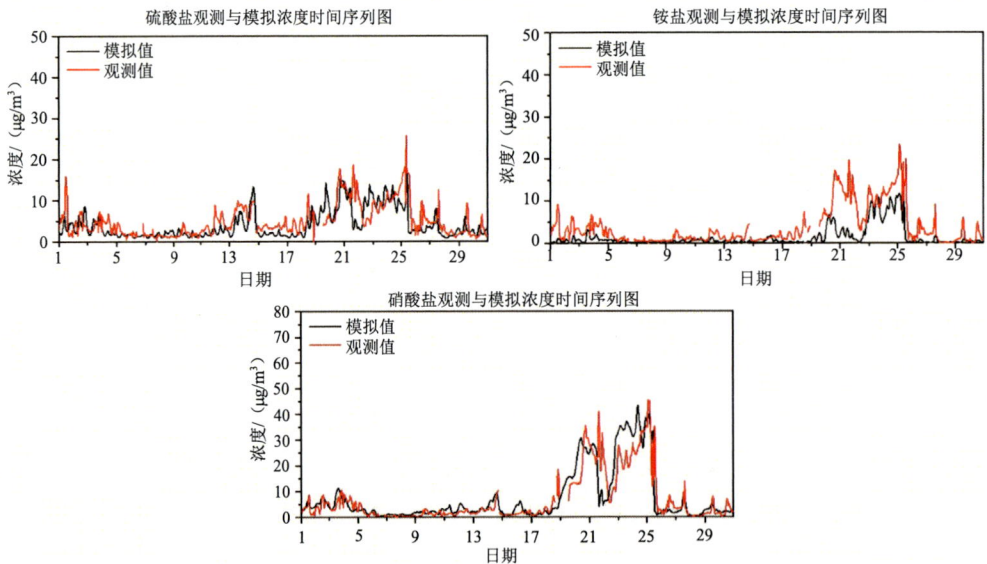

图 2-9 2021 年 1 月太原 PM$_{2.5}$ 组分观测值和模拟值时间序列对比

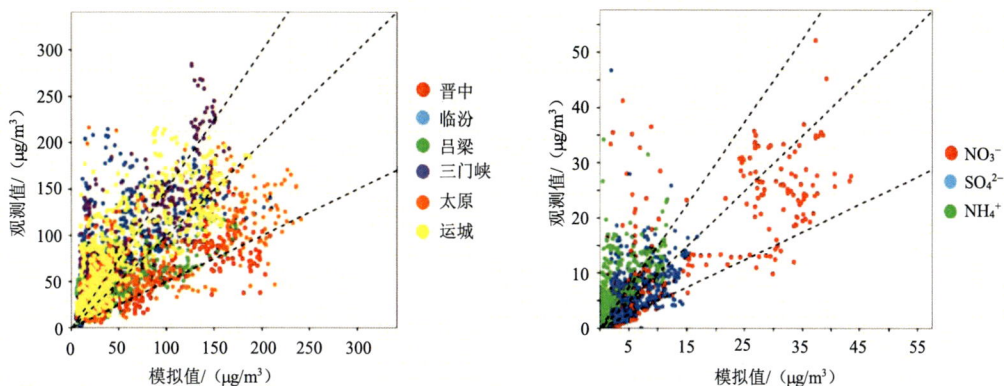

图 2-10　2021 年 1 月 6 个城市 PM$_{2.5}$（左）和太原 PM$_{2.5}$ 组分（右）模拟值和观测值比较

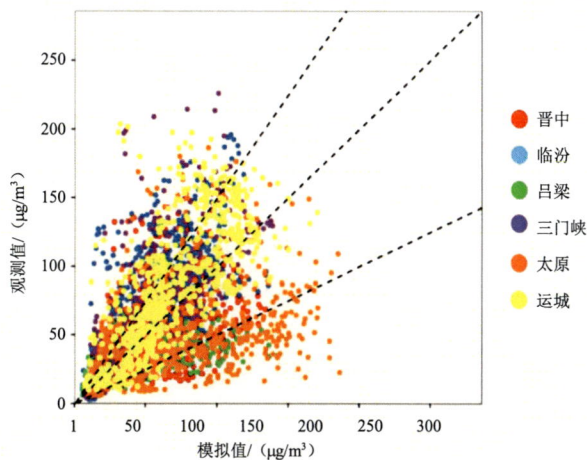

图 2-11　2021 年 12 月汾河平原 6 个城市 PM$_{2.5}$ 模拟值和观测值比较

（2）O$_3$ 浓度

图 2-12 和图 2-13 为汾河平原 2021 年 7 月 O$_3$ 观测值和模拟值时间序列对比，1—15 日太原观测浓度出现了高值，模拟值有一定程度被低估，吕梁未能模拟出夜间低浓度，其余 4 个城市的模拟值较好地反映了 O$_3$ 的浓度高值和日浓度变化。

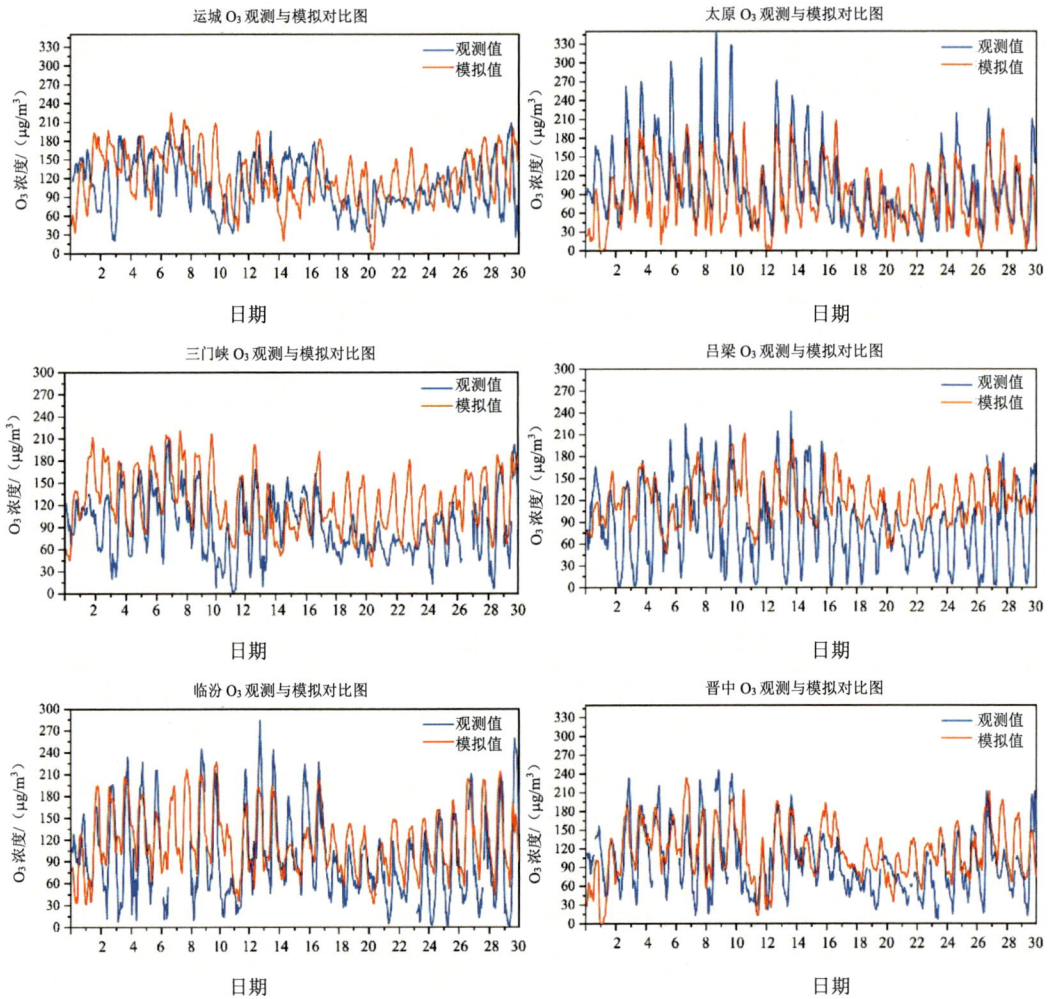

图 2-12　2021 年 7 月汾河平原 O₃ 观测值和模拟值时间序列对比

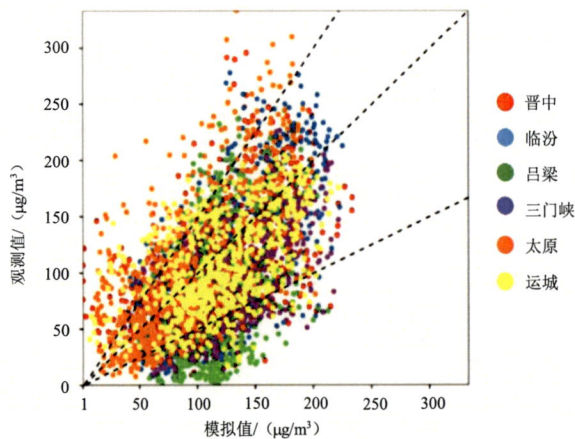

图 2-13　2021 年 7 月汾河平原 O₃ 观测值和模拟值散点图

2.2.2.3　空气质量模拟性能评估参数

2021 年 1 月和 12 月汾河平原 6 个城市 PM$_{2.5}$ 小时浓度的模拟与观测的一致性参数（Index of Agreement，IOA）分别为 0.70~0.88 和 0.56~0.80，同时利用其他参数包括平均偏差（Mean Bias，MB），平均误差（Mean Error，ME），标准化平均偏差（Normalized Mean Bias，NMB）等对空气质量模式性能进行评估（表 2-2 和表 2-3）。太原 1 月 PM$_{2.5}$ 组分硫酸盐、硝酸盐和铵盐的小时模拟浓度评估参数（表 2-4）显示，IOA 值均能达到 0.65 及以上，铵盐和硝酸盐的 IOA 值分别为 0.81 和 0.92。O$_3$ 的 IOA 值较高（表 2-5）。整体来看，对于 PM$_{2.5}$ 和 O$_3$ 模型模拟效果较好，可用于后续的源解析分析。

表 2-2　2021 年汾河平原 1 月 6 个城市的 PM$_{2.5}$ 小时模拟浓度的评估参数

城市	观测值	模拟值	MB	ME	NMB	IOA
晋中	44.26	58.84	14.57	28.15	0.33	0.71
临汾	76.24	58.28	−17.95	31.73	−0.24	0.80
吕梁	44.04	44.04	0.00	23.35	0.00	0.70
三门峡	79.46	57.68	−21.78	26.58	−0.27	0.88
太原	57.06	60.87	3.81	32.43	0.07	0.78
运城	83.39	75.34	−8.04	29.43	−0.10	0.85

表 2-3　2021 年 12 月汾河平原 6 个城市的 PM$_{2.5}$ 小时模拟浓度的评估参数

城市	观测值	模拟值	MB	ME	NMB	IOA
晋中	48.56	55.49	6.94	20.60	0.14	0.66
临汾	68.97	53.49	−15.48	22.29	−0.22	0.77
吕梁	33.76	46.40	12.63	17.38	0.37	0.56
三门峡	62.52	49.32	−13.21	19.34	−0.21	0.80
太原	49.81	70.72	20.91	35.69	0.42	0.57
运城	84.15	67.34	−16.81	25.07	−0.20	0.79

表 2-4　2021 年 1 月太原 PM$_{2.5}$ 组分小时模拟浓度的评估参数

物种名称	观测值	模拟值	MB	ME	NMB	IOA
铵盐	3.86	2.31	−1.55	1.79	−0.40	0.81
硫酸盐	5.27	4.12	−1.17	2.48	−0.22	0.65
硝酸盐	6.99	7.30	0.30	2.96	0.04	0.92

表 2-5　2021 年 7 月汾河平原 6 个城市 O_3 小时模拟浓度评估参数

城市	观测值	模拟值	MB	ME	NMB	IOA
晋中	101.39	115.51	14.12	37.70	0.14	0.73
临汾	101.48	118.73	17.25	37.65	0.17	0.79
吕梁	85.01	120.00	34.98	52.57	0.41	0.56
三门峡	92.17	123.83	31.66	40.41	0.34	0.69
太原	101.11	89.96	−11.15	37.75	−0.11	0.78
运城	106.20	119.86	13.66	34.06	0.13	0.73

2.3　汾河平原 $PM_{2.5}$ 和 O_3 来源解析

2.3.1　$PM_{2.5}$ 及组分的城市和区域贡献

2.3.1.1　$PM_{2.5}$ 污染的演变和来源分配

如图 2-14 所示，2021 年 1 月 2—4 日，汾河平原遭遇了一场 $PM_{2.5}$ 污染事件，而 20—25 日遭受的 $PM_{2.5}$ 污染更严重，其涉及汾河平原的周边城市更多。在 20—25 日污染事件

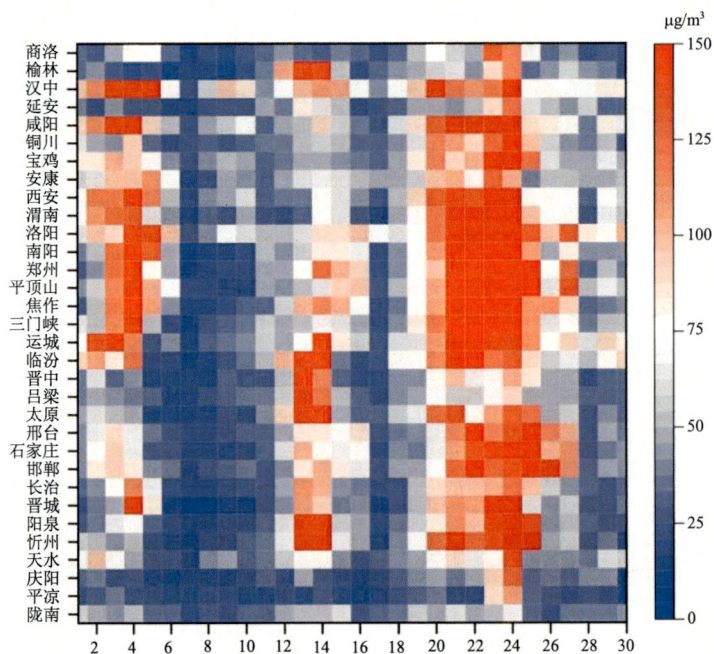

（a）$PM_{2.5}$ 观测浓度

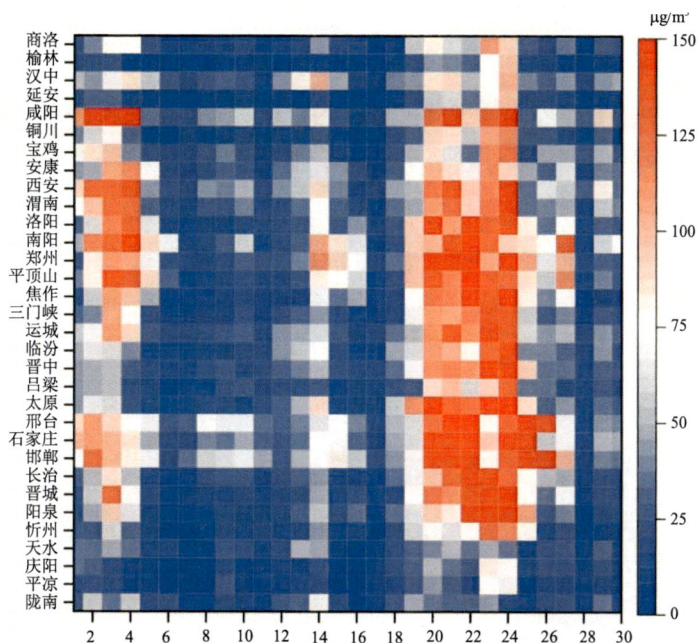

（b）PM₂.₅模拟浓度

图 2-14　2021 年 1 月汾河平原及其周边地区的 32 个城市的日均 PM₂.₅观测浓度（a）和日均 PM₂.₅模拟浓度（b）

注：中国空气质量标准中轻度、中度和重度污染的日均 PM₂.₅浓度限值分别为 75 μg/m³、115 μg/m³、150 μg/m³ 和 200 μg/m³。

期间，三门峡遭受了汾河平原 6 个城市中最严重的污染。三门峡、运城和临汾的每日 PM₂.₅浓度峰值分别为 219.2 μg/m³、178.2 μg/m³ 和 168.8 μg/m³，都超过了国家环境空气质量标准（NAAQS）150 μg/m³ 的严重污染限值。与此同时，太原、晋中和吕梁的每日 PM₂.₅浓度峰值分别达到 135.1 μg/m³、100.2 μg/m³ 和 90.4 μg/m³。此外，2021 年 1 月 13—15 日，在汾河平原及其邻近城市的 PM₂.₅高浓度主要由沙尘暴引起。

2.3.1.2　汾河平原 PM₂.₅平均浓度的城市和区域贡献

对 PM₂.₅和 O₃的不同排放源贡献和区域传输贡献进行量化识别，有助于更全面地了解污染物的形成，为联防联控方案的制定提供科技支撑。这里，几个贡献区域的定义如下：河北省包括石家庄、邢台和邯郸，河南省包括南阳、平顶山、郑州、焦作和洛阳，山西省包括忻州、长治、阳泉、晋城，陕西省包括榆林、延安、铜川、渭南、西安、宝鸡、汉中和安康，甘肃省包括平凉、天水、陇南和庆阳；OTH 是指本模拟系统中 12 km×12 km 模拟区域内的无城市标记的区域（相距 350～600 km）；BCO 表示本模拟系统中 12 km×12 km 模拟区域之外的区域传输贡献（约相距 600 km 之外）。本书的区域源解析研究中，把 BCON 定义为远距离传输贡献，把 OTH 定义为中远距离传输贡献，把 32 个城市中非汾河平原的区域的传输则定义为中距离传输（约 350 km 以内的非汾河平原城市的区域），把汾河平原 6 个城市间的传输定义为近距离传输。

从图 2-15 可以看出，冬季（2021 年 1 月）汾河平原的 $PM_{2.5}$ 主要来自太原、临汾、运城、晋中、吕梁、三门峡，贡献率分别为 17.4%、10.4%、9.9%、8.3%、7.5%、2.0%；河北省、河南省和陕西省（均为汾河平原的邻近城市，属于 32 个城市范畴）的贡献率也比较大，分别为 4.1%，5.0% 和 6.1%；OTH 的贡献最大，其贡献率为 15.8%；BCON 贡献率相对较小，为 10.2%。

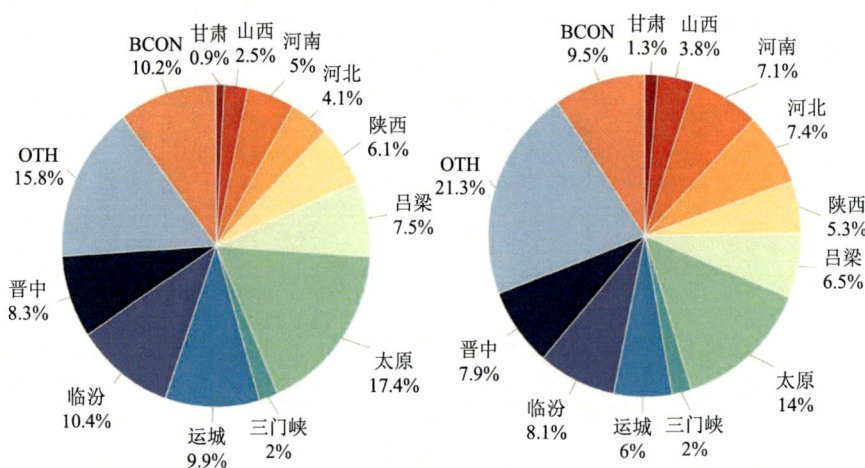

图 2-15　汾河平原 1 月（左）和重污染时期（右）$PM_{2.5}$ 的主要区域来源

对于重污染时期（2021 年 1 月 20—25 日），汾河平原的 $PM_{2.5}$ 主要来自太原、临汾、晋中、吕梁、运城、三门峡，贡献率分别为 14%、8.1%、7.9%、6.5%、6% 和 2%。河北省、河南省、陕西省和山西省（均为汾河平原的邻近城市，属于 32 个城市范畴）的贡献率也比较大，分别为 7.4%、7.1%、5.3% 和 3.8%。OTH 的贡献最大，其贡献率为 21.3%，BCON 贡献率相对较小，为 9.5%。

图 2-16 显示了 2021 年 1 月汾河平原 $PM_{2.5}$ 及重要组分平均浓度的区域贡献时序。其中硫酸盐以远距离传输（BCON，模拟区域的边界之外区域的传输）为主导（23.2%），模拟区域内且 32 个城市之外的区域（OTH，中远距离区域）贡献为 14.3%。重污染期间（20—25 日），远距离传输的贡献（12.6%）小于中远距离区域贡献（25.3%）。也就是说，在重污染期间（20—25 日），汾河平原硫酸盐平均浓度的中远距离传输贡献大于远距离传输贡献，而在非污染时期，远距离传输贡献大于中远距离传输贡献。

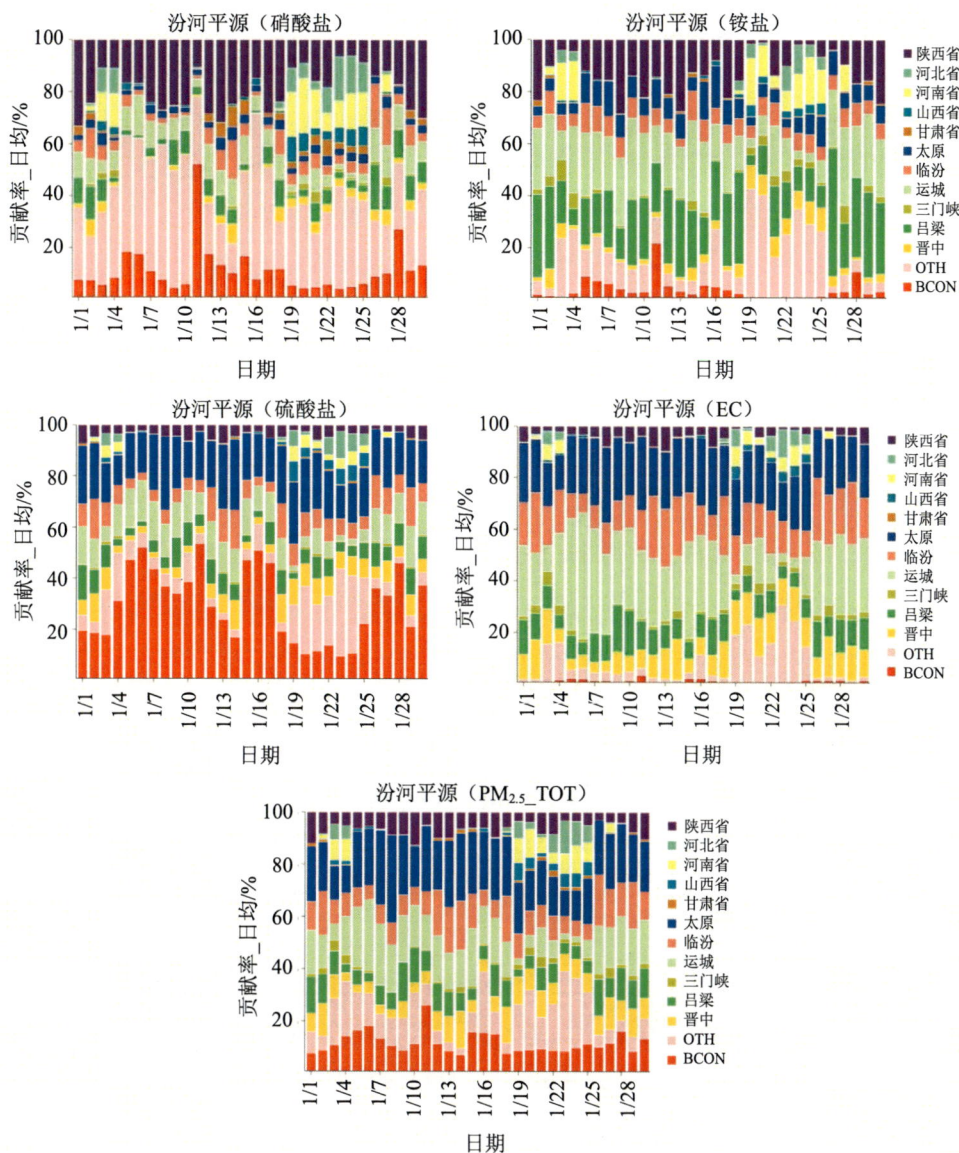

图 2-16　2021 年 1 月汾河平原 PM₂.₅ 及重要组分平均浓度的区域贡献时序图

相较硫酸盐，2021 年 1 月汾河平原硝酸盐平均浓度的远距离传输贡献相对较小（7.1%），中远距离传输则贡献更大（30.8%）。在重污染期间（20—25 日），除了中远距离传输贡献很大（贡献率为 32.1%）之外，汾河平原邻近的属于河北省和河南省的几个城市（中距离）的传输贡献也显著，分别为 13.2% 和 11.2%

对于元素碳（EC），远距离传输对汾河平原 1 月平均 EC 浓度的贡献很小（贡献率为 1.0%），中远距离传输贡献率也不大（贡献率为 10.2%），而主要的贡献来自汾河平均 6 个城市间的传输（近距离传输），贡献率 78.7%，太原、临汾、运城、三门峡、吕梁和晋中对 2021 年 1 月汾河平原 EC 平均浓度的贡献率分别为 20.6%、16.5%、18.7%、2.4%、9.0% 和 11.3%。然而，对于重污染期间（20—25 日），中远距离传输贡献均较明显，贡献率为 19.9%；汾河平原 EC 平均浓度的近距离传输贡献率为 64.9%，太原、临汾、运城、三门峡、吕梁和晋中的贡献率分别为 19.9%、13.5%、9.3%、2.7%、7.2% 和 12.3%。

对于铵盐，传输特征与 EC 的有些类似，远距离传输对汾河平原 1 月平均铵盐浓度的贡献很小，为 1.7%，但是汾河平原 1 月铵盐的中远距离贡献为 24.6%，均大于 EC 来自这两者的分别贡献。与 EC 类似，汾河平原 1 月铵盐平均浓度的最大贡献者是汾河平原 6 个城市间的传输，太原、临汾、运城、三门峡、吕梁和晋中对 1 月汾河平原铵盐平均浓度的贡献率为 49.3%，分别为 6.5%、6.7%、11.5%、3.2%、15.0% 和 6.5%。对于重污染期间（20—25 日），远距离传输贡献率更小（贡献率小于 1%），中远距离的贡献率有所增大（贡献率为 29.0%）；汾河平原 6 个城市的贡献率相比非污染期间有所减小，为 41.0%，太原、临汾、运城、三门峡、吕梁和晋中对重污染期间（20—25 日）汾河平原铵盐平均浓度的贡献率分别为 6.6%、6.8%、7.5%、3.0%、12.5% 和 7.7%。

综上可知，对于非污染期，远距离区域或城市的 SO_2 排放控制对汾河平原硫酸盐削减效果比较明显，而远距离区域或城市的 NO_x 排放控制对汾河平原硝酸盐削减效果也较明显。对于非污染期，中远距离区域或城市的 NO_x 排放控制对汾河平原 $PM_{2.5}$ 浓度削减效果远好于来自中远距离区域或城市的 SO_2 排放控制的效果。对于污染期（如 2021 年 1 月 20—25 日），中远距离区域实施 SO_2 和 NO_x 排放控制对汾河平原 $PM_{2.5}$ 平均浓度削减均有明显的效果，尤其来自中远距离的 NO_x 排放控制对削减汾河平原 $PM_{2.5}$ 平均浓度的效果更明显。

基于以上汾河平原 $PM_{2.5}$ 及组分的区域来源解析结果，对汾河平原 $PM_{2.5}$ 污染的联防联控的启示为：①对于非污染期，建议加强远距离区域或城市的 SO_2 联防联控，加强中远距离区域和城市的 NO_x 联防联控，加强汾河平原 6 个城市及附近的 NH_3 和 EC 的联防联控；②对于污染期，建议加强远距离区域或城市的 SO_2 联防联控，加强中远距离区域和城市的 NO_x 和 SO_2 联防联控，加强中远距离的 NH_3 和 EC 联防联控。对于 $PM_{2.5}$ 中的 OA 组分[包括一次有机气溶胶（POA）和二次有机气溶胶（SOA）]，基于现有技术无法得到高准确性的解析结果，其主要原因是 SOA 的形成过程比较复杂，涉及大量的 VOCs 物种及 IVOCs/SVOCs 物种，而且它们的化学活性差异很大，因此，至今 SOA 的化学生成机制仍是国际上的研究难点和热点。POA 来自本地及近距离传输贡献较大，但是对于 SOA，中远距离传输贡献较明显；而对于汾河平原，$PM_{2.5}$ 中 OC 组分占比很大，为了汾河平原的 $PM_{2.5}$ 浓度有更好的削减效果，中远距离区域和城市的联防联控也应该重视，也即 32 个城市间的联防联控重要性非常突出。

图 2-17 为 2021 年 4 月、7 月、10 月和 12 月汾河平原 $PM_{2.5}$ 平均浓度的来源贡献，

可以看出 PM₂.₅ 的贡献主要来自汾河平原的 6 个城市,其各月贡献率分别为 54.2%、59.4%、60.3%、52.7%,其中太原对汾河平原的贡献率最高,分别为 18.6%、21.8%、17.9% 和 17.9%。冬季陕西省的贡献较为显著,达到 11.5%;甘肃省对整个汾河平原的平均浓度贡献较低,低于 2%。春季和冬季的远距离和中远距离传输之和较高,分别为 24.2% 和 23.4%。夏季、秋季远距离和中远距离传输之和较低,分别为 17.9%和 18.1%。

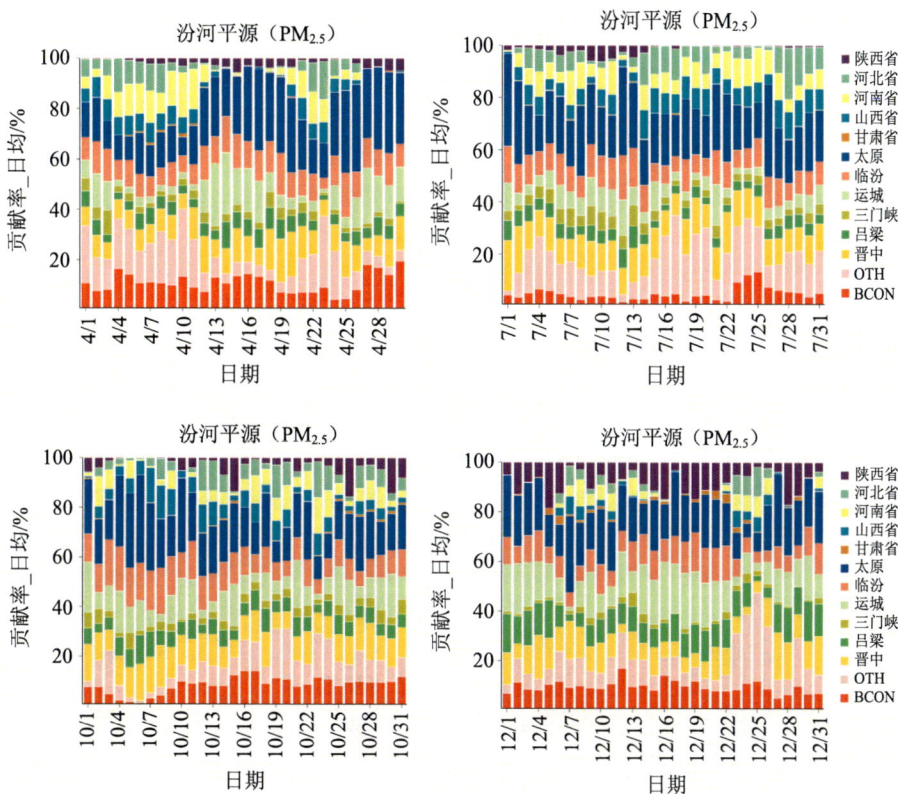

图 2-17 2021 年 4 月、7 月、10 月和 12 月汾河平原 PM₂.₅平均浓度的区域贡献时序图

2.3.1.3 不同城市 PM₂.₅平均浓度的城市和区域贡献

图 2-18 为 2021 年 1 月为汾河平原及周边城市或区域对汾河平原 PM₂.₅ 平均浓度的贡献。PM₂.₅_OTH 是指 PM₂.₅ 组分中除了 OC、EC、硫酸盐、硝酸盐和铵盐之外的其他组分。从图 2-18 中可以看出,汾河平原几个城市中,太原对汾河平原 PM₂.₅ 平均浓度贡献率最大,为 7.7 μg/m³,其次是运城(5.7 μg/m³)、临汾(5.2 μg/m³)、吕梁(3.7 μg/m³)和晋中(3.7 μg/m³),三门峡对汾河平原 PM₂.₅ 平均浓度贡献率最小(0.7 μg/m³)。除了汾河平原 6 个城市之外,陕西省贡献率最大,为 2.5 μg/m³。从图 2-19 可以看出,太原、临汾和吕梁是典型的 PM₂.₅ 输出型城市,而三门峡和晋中是典型的 PM₂.₅ 输入型城市。运城兼具 PM₂.₅ 输出型城市特征和输入型城市特征,且 PM₂.₅ 输出型城市特征强于 PM₂.₅

输入型城市特征。

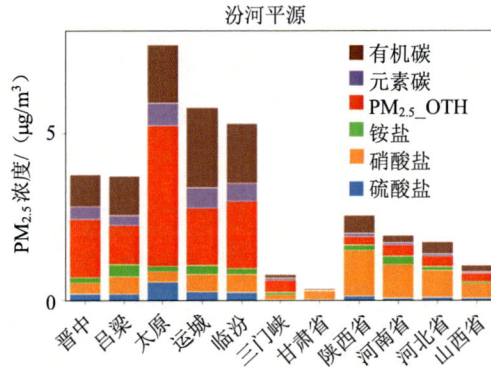

图 2-18　2021 年 1 月汾河平原及周边城市或区域对汾河平原 PM$_{2.5}$ 平均浓度的贡献

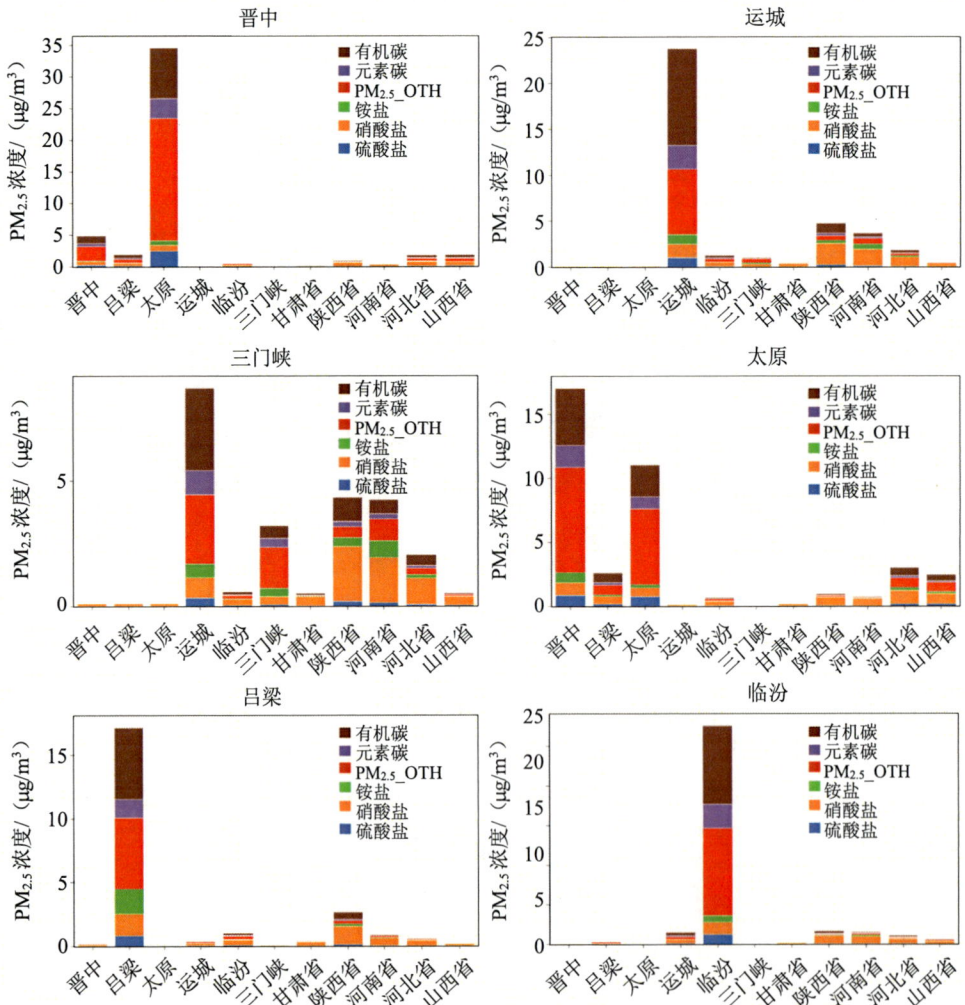

图 2-19　汾河平原及周边城市或区域对汾河平原各城市的 PM$_{2.5}$ 浓度的贡献

2.3.1.4 重污染期间汾河平原PM₂.₅浓度的城市和区域贡献

从图 2-20 和图 2-21 可以明显看出，在 2021 年 1 月 20—25 日典型污染事件期间，特别是三门峡和运城的区域贡献，已经远远高于了本地贡献，晋中市虽然除 32 个城市外的区域的贡献高于本地但相差较小，太原，吕梁和临汾本地贡献更大。在本次污染事件期间，中长距离的传输影响更大。

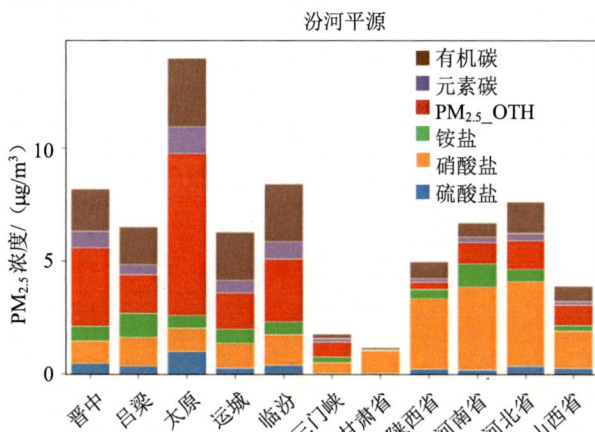

图 2-20　2021 年 1 月重污染期间（20—25 日）汾河平原及周边城市或区域对汾河平原 PM₂.₅ 平均浓度的贡献

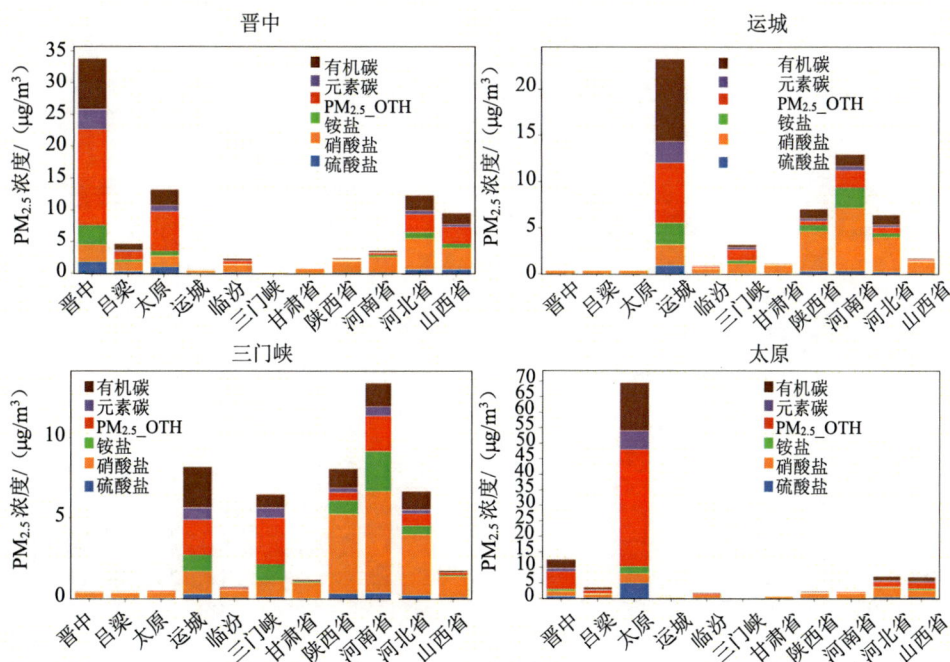

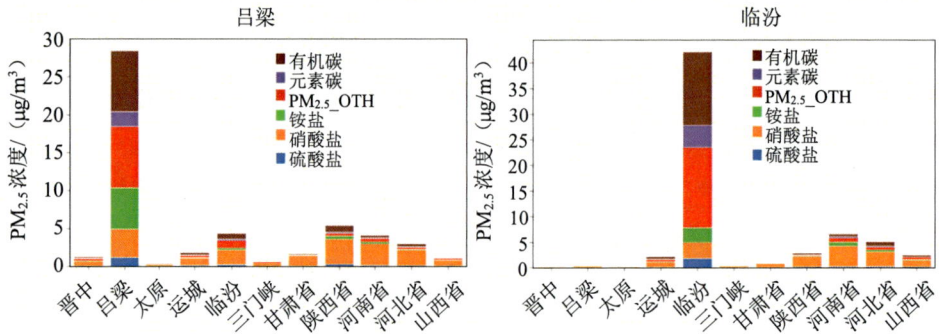

图 2-21   2021 年 1 月重污染期间（20—25 日）汾河平原及周边城市或区域对
汾河平原各城市的 PM$_{2.5}$ 浓度的贡献

综上可知，为了改善非污染期汾河平原 PM$_{2.5}$ 浓度水平，建议重点加强中远距离、中距离及近距离的区域和城市间的联防联控。为了改善污染时期汾河平原的 PM$_{2.5}$ 浓度，则在非污染时期联防联控的基础之上，更加重视中远距离区域和城市间的污染联防联控。此外，无论是非污染时期还是在污染时期，汾河平原 PM$_{2.5}$ 浓度受到来自河南省和河北省的贡献均较为显著，因此，从可行性角度来看，汾河平原的 PM$_{2.5}$ 污染防控应该优先与河南省及河北省几个邻近城市开展联防联控。

2.3.1.5   气象对颗粒物污染事件形成的影响

根据 2021 年 1 月重污染期间（20—25 日）的气象条件（图 2-22），20—22 日边界层高度（planetary boundary layer，PBL）中等且风速中等，具有较明显的污染物传输能力，但是在 24 日，PBL 很低且风速微弱，基本处在污染快速积累阶段，前期其他区域或城市

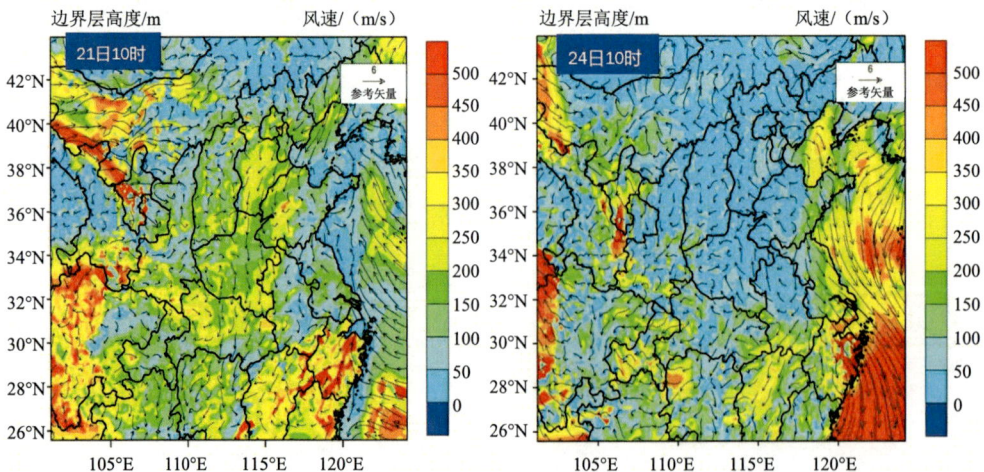

图 2-22   2021 年 1 月重污染期间（20—25 日）WRF 模拟的气象场

的污染物传输进入汾河平原并处于近静稳状态，输入的污染物和本地排放的污染物共同持续累积和发生化学反应，持续快速推高汾河平原的 PM2.5 浓度水平，造成 PM2.5 污染事件。为了削减重污染期间 PM2.5 浓度水平，减少重污染发生频次，建议提前两日实施中远距离和近距离的城市间联防联控。

2.3.1.6　城市间传输贡献矩阵

从 2021 年 1 月汾河平原城市 PM2.5 环境影响矩阵（表 2-6）可以看出，汾河平原 1 月以本地（本城市）贡献为主的城市有太原（63.5%）、临汾（60.0%）、吕梁（49.5%），其中太原的本地贡献最大。太原、临汾、吕梁、晋中、三门峡、运城来自汾河平原 6 个城市的贡献分别为 76.9%，65.4%、56.4%、65.0%、33.6% 和 44.6%。重污染期间，太原的本地贡献只有 54.2%，临汾和吕梁的本地贡献分别为 42.6% 和 38.5%；另外，晋中、三门峡和运城来自本地城市的贡献分别为 29.2%、7.1%、18.9%。重污染期间，太原、临汾、吕梁、晋中、三门峡、运城来自汾河平原 6 个城市的贡献分别为 69.2%、47.7%、51.5%、49.3%、18.4% 和 25.8%，其贡献率均低于 1 月月均情况。

表 2-6　1 月汾河平原城市 PM2.5 环境影响矩阵　　　　单位：%

源＼受体	晋中	吕梁	太原	临汾	三门峡	运城	宝鸡	西安	铜川	渭南	咸阳
晋中	34.5	1.0	8.8	0.4	0.5	0.4	0.1	0.1	0.2	0.2	0.1
吕梁	5.1	49.5	3.2	0.9	0.5	0.4	0.1	0.1	0.2	0.2	0.1
太原	23.2	0.3	63.5	0.2	0.4	0.3	0.1	0.1	0.2	0.2	0.1
临汾	1.6	3.6	1.0	60.0	1.6	2.8	0.3	0.4	0.8	0.8	0.5
三门峡	0.2	0.6	0.1	0.3	9.4	2.7	0.7	0.8	1.7	1.6	0.9
运城	0.4	1.4	0.3	3.6	18.2	38.0	1.9	3.0	4.6	6.8	3.2
汾河小计	65.0	56.4	76.9	65.4	30.6	44.6	3.1	4.6	7.6	9.7	4.9
宝鸡	0.1	0.4	0.1	0.2	0.6	0.5	49.6	2.1	1.6	1.9	3.5
西安	0.2	0.5	0.1	0.4	2.4	2.0	5.9	42.6	2.5	22.7	16.3
铜川	0.1	0.1	0.0	0.2	0.5	0.4	0.4	0.6	19.8	0.6	0.8
渭南	0.2	0.7	0.2	1.0	3.3	3.5	2.6	6.0	8.6	21.7	5.7
咸阳	0.2	0.5	0.1	0.5	2.3	2.0	9.3	20.0	10.3	9.5	42.8
庆阳	0.1	0.4	0.1	0.2	0.6	0.5	1.2	0.9	2.1	1.0	1.1
陇南	0.1	0.3	0.1	0.1	0.2	0.1	0.4	0.1	0.3	0.2	0.2
天水	0.1	0.4	0.1	0.2	0.3	0.2	0.7	0.3	0.6	0.3	0.3

源＼受体	晋中	吕梁	太原	临汾	三门峡	运城	宝鸡	西安	铜川	渭南	咸阳
平梁	0.1	0.5	0.1	0.3	0.5	0.4	1.5	0.6	1.3	0.8	0.8
晋城	1.1	0.6	0.6	1.3	0.5	0.4	0.1	0.1	0.3	0.2	0.1
长治	2.0	0.2	1.1	0.3	0.5	0.4	0.1	0.1	0.2	0.2	0.1
阳泉	2.0	0.1	1.0	0.1	0.2	0.2	0.0	0.1	0.1	0.1	0.1
忻州	0.4	0.1	0.7	0.1	0.3	0.2	0.1	0.1	0.1	0.1	0.1
南阳	0.2	0.3	0.1	0.4	0.9	0.8	0.5	0.6	1.0	0.9	0.6
焦作	0.7	1.1	0.4	1.6	2.3	1.7	0.4	0.4	1.1	0.7	0.5
郑州	0.6	0.9	0.3	1.4	3.8	2.8	0.6	0.9	1.9	1.5	1.0
平顶山	0.2	0.3	0.1	0.5	1.4	1.1	0.2	0.3	0.6	0.6	0.3
洛阳	0.3	0.8	0.2	0.9	4.0	2.9	0.7	0.9	2.0	1.6	1.1
石家庄	4.4	0.7	2.3	0.9	1.5	1.2	0.3	0.4	0.7	0.6	0.4
邢台	0.8	0.6	0.4	0.8	1.4	1.1	0.3	0.4	0.8	0.6	0.4
邯郸	1.3	1.0	0.6	1.4	2.5	2.0	0.5	0.6	1.3	1.0	0.7
榆林	1.2	5.4	1.1	1.5	1.1	1.1	0.9	0.9	0.8	0.6	0.4
延安	0.2	0.9	0.1	0.6	1.0	0.9	0.9	0.5	2.1	0.7	0.5
汉中	0.1	0.2	0.1	0.1	0.2	0.1	0.6	0.2	0.3	0.2	0.2
商洛	0.1	0.2	0.0	0.1	0.3	0.2	0.4	0.4	0.4	0.5	0.3
安康	0.0	0.1	0.0	0.1	0.1	0.1	0.4	0.1	0.2	0.2	0.1
其他	18.5	26.4	13.0	19.6	36.7	28.6	19.8	15.6	31.4	21.5	16.8

注：本地贡献 传输贡献

从 2021 年 1 月 PM$_{2.5}$ 平均浓度来源来看，晋中的本地贡献率只有 34.5%，而受到太原的传输贡献则高达 23.2%，而在重污染期间（表 2-7），晋中的本地贡献率更低，只有 29.2%，受到太原的传输贡献率也降低，低至 12.5%。三门峡和运城的本地贡献较低，主要受到传输影响，运城对三门峡的传输贡献明显，1 月达到 18.2%，重污染期间有所降低，为 8.4%；三门峡受到模拟区域外城市（表 2-6 和表 2-7 中的其他）的影响显著，达到 36.7%，重污染期间达到 43.5%。运城的本地贡献 1 月为 38.0%，模拟区域外的城市的传输贡献也较高，达到 28.6%；重污染期间，运城的本地贡献降低到 18.9%，模拟区域内其他城市的传输贡献高于本地贡献，达到 39.1%。整体来说，重污染期间汾河平原各城市的本地贡献降低，受传输影响较为显著。

表 2-7　1 月 20—25 日汾河平原城市 PM₂.₅ 环境影响矩阵　　单位：%

源＼受体	晋中	吕梁	太原	临汾	三门峡	运城	宝鸡	西安	铜川	渭南	咸阳
晋中	29.2	2.1	9.6	0.5	0.7	0.7	0.2	0.4	0.4	0.5	0.3
吕梁	4.4	38.5	3.0	0.8	0.6	0.6	0.2	0.3	0.3	0.4	0.3
太原	12.5	0.7	54.2	0.4	0.7	0.6	0.2	0.3	0.4	0.4	0.3
临汾	2.3	6.3	1.6	42.6	1.0	1.2	0.7	0.7	1.0	0.9	0.7
三门峡	0.3	1.1	0.2	0.6	7.1	3.9	1.9	2.0	2.8	2.6	2.3
运城	0.7	2.7	0.5	2.7	8.4	18.9	4.2	4.0	6.1	5.7	5.1
汾河小计	49.3	51.5	69.2	47.7	18.4	25.8	7.4	7.7	11.0	10.5	9.1
宝鸡	0.2	0.8	0.2	0.3	0.5	0.4	30.1	1.9	1.1	2.1	2.1
西安	0.3	0.9	0.2	0.4	2.3	1.6	7.6	28.3	2.5	10.9	10.6
铜川	0.1	0.2	0.1	0.1	0.4	0.3	0.4	0.3	12.7	0.4	0.4
渭南	0.4	1.3	0.3	0.7	2.7	2.6	4.7	6.2	7.5	17.4	6.2
咸阳	0.3	1.0	0.3	0.4	2.3	1.5	10.2	10.9	6.2	4.9	26.1
庆阳	0.2	0.7	0.2	0.5	0.5	0.4	1.0	0.8	1.3	0.8	0.9
陇南	0.2	0.6	0.1	0.3	0.2	0.2	0.4	0.3	0.5	0.3	0.3
天水	0.2	0.8	0.2	0.4	0.4	0.4	0.6	0.4	0.7	0.5	0.4
平梁	0.3	1.0	0.3	0.5	0.5	0.5	1.3	0.7	1.1	0.9	0.8
晋城	1.5	1.0	0.7	2.3	0.7	0.7	0.5	0.5	0.5	0.5	0.5
长治	3.0	0.4	1.4	0.6	0.7	0.7	0.3	0.5	0.5	0.6	0.4
阳泉	3.4	0.2	2.0	0.3	0.4	0.4	0.1	0.2	0.2	0.2	0.2
忻州	0.4	0.1	1.1	0.3	0.6	0.5	0.1	0.2	0.2	0.2	0.2
南阳	0.2	0.6	0.1	0.6	1.3	1.6	1.3	1.7	2.1	1.9	1.5
焦作	1.2	2.1	0.6	3.2	2.5	2.2	1.0	1.2	1.8	1.5	1.3
郑州	0.8	1.8	0.4	2.6	4.7	4.4	1.9	2.6	3.6	3.2	2.9
平顶山	0.3	0.5	0.1	0.8	2.1	2.0	0.6	1.0	1.1	1.3	1.0
洛阳	0.5	1.6	0.3	1.8	4.9	4.6	1.9	2.7	3.6	3.4	3.0
石家庄	8.6	1.7	4.8	2.3	2.4	2.2	0.9	1.2	1.6	1.5	1.3
邢台	1.6	1.4	0.7	2.0	2.1	2.0	1.0	1.2	1.7	1.5	1.4
邯郸	2.4	2.3	1.2	3.3	3.6	3.4	1.6	2.0	2.9	2.5	2.3
榆林	0.6	2.8	0.6	1.1	1.1	1.0	0.4	0.5	0.9	0.7	0.6
延安	0.2	0.7	0.1	0.4	0.7	0.7	0.5	0.5	1.6	0.6	0.5

源＼受体	晋中	吕梁	太原	临汾	三门峡	运城	宝鸡	西安	铜川	渭南	咸阳
汉中	0.1	0.5	0.1	0.2	0.2	0.2	0.6	0.3	0.5	0.4	0.3
商洛	0.1	0.3	0.1	0.2	0.4	0.3	0.9	0.9	0.8	1.1	0.7
安康	0.1	0.2	0.0	0.1	0.2	0.2	0.4	0.3	0.3	0.3	0.2
其他	23.6	22.9	14.4	26.6	43.5	39.1	22.5	24.9	31.7	30.0	24.7

注：本地贡献传输贡献。

表 2-8 为 2021 年 4 月汾河平原城市 $PM_{2.5}$ 环境影响矩阵，三门峡和运城受到模拟区域外城市的影响较为明显，分别为 31.8%、28.0%，晋中受到太原的传输贡献较为明显，为 14.7%。太原和临汾本地贡献较为明显，超过 50%。表 2-9～表 2-11 为 7 月、10 月和 12 月汾河平原城市 $PM_{2.5}$ 环境影响矩阵，各个城市和 4 月的传输贡献较为接近。

表 2-8　4 月汾河平原城市 $PM_{2.5}$ 环境影响矩阵　　　　单位：%

源＼受体	晋中	吕梁	太原	临汾	三门峡	运城	宝鸡	西安	铜川	渭南	咸阳
晋中	35.5	5.3	9.8	1.5	0.5	0.5	0.3	0.2	0.6	0.4	0.2
吕梁	2.0	35.7	1.4	0.8	0.4	0.4	0.2	0.1	0.4	0.2	0.1
太原	14.7	5.0	59.5	0.5	0.4	0.4	0.2	0.2	0.5	0.3	0.2
临汾	0.9	6.3	0.6	53.3	0.7	2.1	0.3	0.3	1.1	0.6	0.3
三门峡	0.1	0.4	0.1	0.4	19.2	5.5	2.0	2.4	4.3	5.9	2.7
运城	0.3	1.3	0.2	2.4	15.1	36.5	2.3	2.6	7.2	5.7	3.1
汾河小计	53.5	53.9	71.6	58.9	36.3	45.3	5.3	5.8	14.2	13.1	6.6
宝鸡	0.1	0.2	0.1	0.1	0.1	0.1	43.5	0.5	0.3	0.4	0.7
西安	0.1	0.3	0.1	0.1	0.2	0.3	9.9	49.5	1.9	12.8	22.7
铜川	0.1	0.1	0.0	0.1	0.1	0.1	0.3	0.3	20.6	0.3	0.4
渭南	0.2	0.6	0.1	0.4	0.9	1.1	3.4	6.3	11.0	33.0	5.5
咸阳	0.1	0.3	0.1	0.2	0.2	0.2	11.3	15.1	6.0	3.5	40.7
庆阳	0.1	0.2	0.1	0.1	0.2	0.2	0.5	0.3	0.5	0.4	0.3
陇南	0.1	0.1	0.1	0.1	0.1	0.1	0.1	0.1	0.1	0.1	0.1
天水	0.1	0.1	0.1	0.1	0.1	0.1	0.1	0.1	0.1	0.1	0.1
平梁	0.1	0.1	0.1	0.1	0.1	0.1	0.5	0.1	0.2	0.2	0.2
晋城	1.1	2.5	0.7	3.6	0.7	0.7	0.3	0.3	0.9	0.5	0.4
长治	2.6	1.6	1.4	1.4	0.7	0.8	0.3	0.3	0.8	0.5	0.3
阳泉	4.7	1.5	2.6	0.5	0.4	0.4	0.2	0.1	0.4	0.2	0.1

源＼受体	晋中	吕梁	太原	临汾	三门峡	运城	宝鸡	西安	铜川	渭南	咸阳
忻州	0.6	0.7	0.7	0.3	0.4	0.3	0.2	0.1	0.4	0.3	0.2
南阳	0.2	0.3	0.1	0.3	0.9	0.7	0.9	1.0	1.1	1.4	0.8
焦作	0.9	2.2	0.6	4.0	2.7	2.3	0.6	0.5	1.9	0.8	0.6
郑州	1.4	2.2	0.9	3.3	5.7	4.9	1.1	1.0	3.1	1.9	1.2
平顶山	0.3	0.5	0.2	0.8	3.2	2.4	0.7	0.7	1.4	1.3	0.7
洛阳	0.2	0.8	0.1	1.2	9.4	6.9	1.6	1.8	4.7	3.6	2.2
石家庄	6.5	2.3	3.6	1.2	0.9	0.9	0.3	0.3	0.8	0.5	0.3
邢台	1.6	1.0	0.9	0.8	1.3	1.0	0.4	0.3	0.9	0.5	0.3
邯郸	2.8	1.4	1.6	1.5	2.3	1.9	0.5	0.5	1.4	0.9	0.5
榆林	0.7	1.6	0.5	0.6	0.6	0.6	0.4	0.3	0.6	0.5	0.3
延安	0.2	0.4	0.1	0.4	0.4	0.4	0.3	0.3	0.9	0.5	0.3
汉中	0.1	0.1	0.1	0.1	0.1	0.1	0.1	0.1	0.1	0.1	0.1
商洛	0.1	0.1	0.0	0.1	0.1	0.1	0.7	0.7	0.1	1.2	0.5
安康	0.1	0.1	0.0	0.1	0.1	0.1	0.2	0.1	0.1	0.1	0.1
其他	21.6	24.7	13.6	19.9	31.8	28.0	16.0	13.8	25.2	21.5	13.8

注：本地贡献传输贡献

表 2-9　7 月汾河平原城市 PM₂.₅ 环境影响矩阵　　　　单位：%

源＼受体	晋中	吕梁	太原	临汾	三门峡	运城	宝鸡	西安	铜川	渭南	咸阳
晋中	38.5	6.6	11.6	2.1	0.8	1.1	0.5	0.5	0.7	0.9	0.5
吕梁	1.4	40.0	1.0	1.4	0.7	0.9	0.3	0.4	0.5	0.7	0.3
太原	11.9	6.6	60.1	0.8	0.7	0.8	0.3	0.3	0.4	0.6	0.3
临汾	1.1	4.8	0.6	53.8	1.7	3.5	1.2	1.4	2.0	2.6	1.3
三门峡	0.2	0.6	0.1	0.8	24.1	8.8	1.6	1.9	4.1	5.7	2.0
运城	0.4	1.7	0.2	2.9	12.5	32.0	2.3	2.7	6.3	6.8	2.7
汾河小计	53.4	60.4	73.7	61.9	40.6	47.0	6.2	7.3	14.1	17.3	7.1
宝鸡	0.1	0.2	0.1	0.1	0.1	0.2	48.0	1.2	1.4	0.8	2.1
西安	0.1	0.4	0.1	0.2	0.3	0.4	6.5	50.5	5.7	9.1	23.4
铜川	0.1	0.1	0.1	0.1	0.1	0.1	0.3	0.3	21.5	0.3	0.4
渭南	0.2	0.8	0.1	0.7	0.7	1.1	2.1	4.1	11.9	31.4	3.9
咸阳	0.1	0.5	0.1	0.2	0.2	0.4	6.7	14.6	9.2	2.7	42.0
庆阳	0.1	0.1	0.1	0.1	0.1	0.1	0.4	0.2	0.4	0.2	0.3

源＼受体	晋中	吕梁	太原	临汾	三门峡	运城	宝鸡	西安	铜川	渭南	咸阳
陇南	0.0	0.0	0.0	0.0	0.0	0.0	0.1	0.0	0.1	0.0	0.1
天水	0.0	0.1	0.0	0.0	0.0	0.0	0.4	0.1	0.1	0.1	0.1
平梁	0.0	0.1	0.0	0.1	0.0	0.0	0.5	0.1	0.2	0.1	0.1
晋城	1.0	1.8	0.5	4.4	1.3	1.7	0.6	0.6	0.9	1.3	0.6
长治	2.4	2.0	1.2	3.3	1.1	1.4	0.6	0.5	0.8	1.2	0.5
阳泉	7.0	2.0	3.6	0.5	0.3	0.3	0.1	0.1	0.3	0.3	0.1
忻州	0.6	0.8	0.8	0.2	0.3	0.3	0.1	0.1	0.2	0.2	0.1
南阳	0.1	0.2	0.1	0.2	0.7	0.5	0.6	0.6	0.5	0.7	0.4
焦作	0.7	1.1	0.4	2.6	3.6	3.3	0.5	0.7	1.2	1.3	0.6
郑州	0.7	1.2	0.4	2.1	6.3	5.0	1.0	1.1	2.6	2.6	1.1
平顶山	0.2	0.2	0.1	0.5	1.1	0.9	0.5	0.5	0.8	0.8	0.5
洛阳	0.4	0.8	0.2	1.9	11.7	7.9	1.1	1.3	3.0	3.1	1.3
石家庄	8.4	2.6	4.9	1.1	0.7	0.8	0.3	0.3	0.5	0.6	0.3
邢台	2.2	0.6	1.0	0.9	0.6	0.6	0.2	0.2	0.3	0.4	0.2
邯郸	2.7	1.5	1.4	2.1	1.6	1.7	0.4	0.4	0.6	0.9	0.4
榆林	0.3	1.4	0.2	0.4	0.5	0.5	0.4	0.4	0.7	0.6	0.4
延安	0.1	0.4	0.1	0.2	0.2	0.2	0.3	0.3	0.9	0.4	0.3
汉中	0.0	0.0	0.0	0.0	0.0	0.0	1.1	0.1	0.1	0.1	0.2
商洛	0.1	0.1	0.1	0.1	0.2	0.2	0.5	0.7	0.5	1.4	0.5
安康	0.0	0.0	0.0	0.0	0.1	0.1	0.3	0.2	0.2	0.2	0.2
其他	18.8	20.6	10.5	16.3	27.7	25.1	20.3	13.3	21.2	21.9	12.9

注：本地贡献传输贡献

表 2-10　10 月汾河平原城市 PM₂.₅ 环境影响矩阵　　　　　　　　单位：%

源＼受体	晋中	吕梁	太原	临汾	三门峡	运城	宝鸡	西安	铜川	渭南	咸阳
晋中	41.5	5.0	12.4	1.3	0.7	0.6	0.3	0.3	0.6	0.5	0.4
吕梁	3.1	40.4	2.3	1.1	0.5	0.5	0.3	0.3	0.5	0.4	0.3
太原	11.7	3.9	59.8	0.7	0.7	0.6	0.2	0.3	0.6	0.5	0.4
临汾	1.6	6.2	1.0	54.6	0.8	1.2	0.4	0.5	1.1	0.6	0.5
三门峡	0.2	0.6	0.1	1.1	19.2	5.3	1.4	2.2	2.9	4.3	2.2
运城	0.5	2.1	0.3	7.2	18.2	39.5	2.5	3.6	6.0	6.4	3.7

受体\源	晋中	吕梁	太原	临汾	三门峡	运城	宝鸡	西安	铜川	渭南	咸阳
汾河小计	58.5	58.3	75.9	66.0	40.1	47.7	5.1	7.2	11.7	12.7	7.5
宝鸡	0.1	0.2	0.1	0.2	0.4	0.5	51.6	2.1	0.7	1.5	3.0
西安	0.1	0.4	0.1	0.3	1.5	2.0	7.8	45.3	3.2	19.6	17.8
铜川	0.1	0.2	0.1	0.1	0.3	0.4	0.3	0.5	25.0	0.5	0.7
渭南	0.2	0.8	0.1	1.3	2.5	4.2	3.8	7.4	10.6	28.4	6.8
咸阳	0.1	0.4	0.1	0.3	1.2	1.8	10.0	16.4	11.0	6.1	42.2
庆阳	0.1	0.3	0.1	0.2	0.3	0.3	0.6	0.3	0.7	0.4	0.4
陇南	0.1	0.1	0.0	0.1	0.1	0.1	0.1	0.1	0.1	0.1	0.1
天水	0.1	0.1	0.0	0.1	0.1	0.1	0.2	0.1	0.2	0.1	0.1
平凉	0.1	0.2	0.1	0.1	0.2	0.2	0.8	0.2	0.3	0.3	0.3
晋城	1.1	1.4	0.6	2.2	0.8	0.7	0.3	0.4	0.7	0.5	0.4
长治	2.6	1.9	1.4	1.9	0.7	0.6	0.3	0.3	0.6	0.5	0.4
阳泉	7.0	1.4	3.2	0.5	0.6	0.6	0.2	0.3	0.4	0.4	0.3
忻州	1.1	1.6	1.4	0.6	0.8	0.7	0.3	0.3	0.6	0.5	0.4
南阳	0.1	0.3	0.1	0.3	0.8	0.7	0.5	0.7	1.0	0.9	0.7
焦作	0.9	1.7	0.6	2.0	2.4	1.7	0.5	0.7	1.5	1.1	0.8
郑州	0.8	1.6	0.5	1.8	4.6	3.4	0.8	1.2	2.4	2.1	1.3
平顶山	0.2	0.5	0.1	0.6	1.7	1.4	0.3	0.4	0.7	0.6	0.4
洛阳	0.3	1.1	0.2	1.9	8.4	5.0	1.1	1.6	2.9	2.8	1.6
石家庄	7.4	2.3	3.6	1.6	2.3	2.0	0.4	0.8	1.4	1.2	0.9
邢台	1.5	1.4	0.8	1.3	1.8	1.5	0.3	0.6	1.0	0.9	0.6
邯郸	2.1	2.3	1.2	2.3	2.9	2.4	0.5	0.8	1.6	1.3	0.9
榆林	0.6	2.0	0.5	0.7	0.7	0.7	0.5	0.4	0.9	0.6	0.4
延安	0.2	0.5	0.1	0.3	0.5	0.5	0.4	0.3	1.2	0.5	0.3
汉中	0.1	0.1	0.0	0.1	0.1	0.1	0.3	0.1	0.2	0.2	0.1
商洛	0.1	0.1	0.0	0.1	0.3	0.3	0.4	0.6	0.5	0.9	0.5
安康	0.1	0.1	0.0	0.1	0.1	0.1	0.2	0.2	0.2	0.2	0.2
其他	14.3	18.8	9.1	13.1	23.8	20.0	12.3	10.7	18.6	15.1	11.0

注：本地贡献 传输贡献

表 2-11　12 月汾河平原城市 PM$_{2.5}$ 环境影响矩阵　　　　单位：%

源 \ 受体	晋中	吕梁	太原	临汾	三门峡	运城	宝鸡	西安	铜川	渭南	咸阳
晋中	44.6	0.8	11.9	0.7	0.2	0.2	0.1	0.1	0.2	0.1	0.1
吕梁	7.2	57.8	4.4	1.2	0.2	0.2	0.1	0.1	0.2	0.1	0.1
太原	17.5	0.6	65.9	0.1	0.2	0.1	0.1	0.1	0.1	0.1	0.1
临汾	1.6	0.8	0.8	59.9	0.9	1.4	0.3	0.3	0.7	0.5	0.3
三门峡	0.0	0.1	0.0	0.5	10.9	2.4	0.7	0.9	1.1	1.6	0.9
运城	0.2	0.4	0.1	8.0	24.5	45.5	1.8	2.8	3.7	5.2	2.6
汾河小计	71.2	60.6	83.1	70.4	37.0	49.7	3.2	4.4	6.0	7.7	4.1
宝鸡	0.1	0.3	0.1	0.3	1.1	1.0	47.9	2.5	2.0	2.3	4.2
西安	0.1	0.2	0.0	0.5	3.8	3.3	5.3	44.2	3.6	25.2	16.6
铜川	0.0	0.1	0.0	0.2	0.8	0.8	0.6	0.9	25.0	1.0	1.2
渭南	0.1	0.5	0.1	1.8	5.4	5.6	2.4	6.4	8.3	23.8	5.0
咸阳	0.1	0.4	0.1	0.5	3.9	3.5	8.5	19.8	13.1	10.1	44.8
庆阳	0.2	0.9	0.1	0.5	0.8	0.8	1.7	0.9	2.2	1.0	1.2
陇南	0.1	0.3	0.1	0.2	0.2	0.2	0.7	0.5	0.6	0.3	0.4
天水	0.1	0.5	0.1	0.3	0.5	0.5	1.3	0.5	1.1	0.7	0.7
平梁	0.1	0.5	0.1	0.4	0.7	0.6	2.2	0.7	1.4	0.9	1.0
晋城	0.3	0.2	0.1	0.7	0.4	0.3	0.1	0.1	0.2	0.1	0.1
长治	0.8	0.1	0.3	0.6	0.3	0.2	0.1	0.1	0.2	0.2	0.1
阳泉	3.6	0.2	1.3	0.1	0.1	0.1	0.1	0.1	0.1	0.1	0.1
忻州	0.6	0.7	1.0	0.2	0.2	0.2	0.1	0.1	0.1	0.1	0.1
南阳	0.0	0.1	0.0	0.2	0.7	0.6	0.3	0.3	0.3	0.5	0.3
焦作	0.2	0.1	0.1	1.1	1.6	1.2	0.3	0.3	0.5	0.5	0.3
郑州	0.1	0.1	0.1	0.9	3.5	2.4	0.7	0.7	1.0	1.2	0.8
平顶山	0.0	0.1	0.0	0.3	0.9	0.7	0.3	0.2	0.3	0.3	0.2
洛阳	0.1	0.2	0.0	0.8	3.4	2.2	0.8	0.8	1.1	1.4	0.8
石家庄	4.4	0.6	1.7	0.8	1.2	0.9	0.5	0.7	0.7	0.7	0.5
邢台	0.2	0.2	0.1	0.6	1.2	0.8	0.5	0.4	0.6	0.6	0.4
邯郸	0.2	0.2	0.1	0.9	1.9	1.3	0.7	0.6	0.8	0.9	0.6
榆林	1.4	7.4	1.1	1.8	1.3	1.2	0.9	0.7	2.0	1.0	0.8
延安	0.3	1.2	0.2	0.8	1.3	1.2	0.6	0.7	2.9	1.1	0.8
汉中	0.1	0.2	0.0	0.1	0.2	0.2	0.7	0.3	0.5	0.3	0.4

源＼受体	晋中	吕梁	太原	临汾	三门峡	运城	宝鸡	西安	铜川	渭南	咸阳
商洛	0.0	0.1	0.0	0.1	0.3	0.3	0.2	0.4	0.3	0.5	0.3
安康	0.0	0.1	0.0	0.1	0.2	0.1	0.3	0.2	0.3	0.2	0.2
其他	15.5	23.9	10.1	15.1	27.1	20.0	18.8	12.7	24.7	17.1	14.0

注：本地贡献传输贡献

从 2021 年 7 月汾河平原城市 O$_3$ 环境影响矩阵可以看出，汾河平原 7 月 O$_3$ 平均浓度以中远距离和远距离传输贡献（其他）为主。太原、临汾、吕梁、晋中、三门峡、运城来自模拟区域外其他城市的贡献分别为 32.6%，37.1%、43.5%、35.8%、39.9% 和 38.9%。来自汾河平原的贡献较小。2021 年 1 月、4 月、10 月和 12 月的汾河平原城市 O$_3$ 环境影响矩阵见表 2-12～表 2-16。

表 2-12　1 月汾河平原城市 O$_3$ 环境影响矩阵　　　　单位：%

源＼受体	晋中	吕梁	太原	临汾	三门峡	运城	宝鸡	西安	铜川	渭南	咸阳
晋中	6.7	0.3	1.1	0.5	0.3	0.4	0.1	0.2	0.2	0.2	0.1
吕梁	4.4	8.1	2.9	1.4	0.6	0.6	0.2	0.3	0.3	0.4	0.3
太原	11.1	0.2	10.3	0.2	0.3	0.3	0.1	0.2	0.1	0.2	0.1
临汾	1.0	1.1	0.4	9.3	1.3	1.5	0.3	0.5	0.4	0.8	0.4
三门峡	0.1	0.3	0.1	0.3	1.6	0.8	0.3	0.5	0.4	0.7	0.4
运城	0.3	0.7	0.2	1.8	7.8	10.3	1.1	1.5	1.2	2.3	1.2
汾河小计	23.6	10.6	15.0	13.5	11.9	13.9	2.2	3.2	2.6	4.7	2.6
宝鸡	0.3	0.8	0.2	0.9	2.0	1.8	13.2	2.9	1.9	2.7	3.7
西安	0.3	0.7	0.2	0.9	2.3	2.3	2.6	13.3	1.5	6.9	4.8
铜川	0.2	0.4	0.1	0.7	1.3	1.3	0.9	1.3	5.3	1.7	1.1
渭南	0.4	0.7	0.2	1.5	4.2	4.6	1.8	2.9	2.4	7.4	2.3
咸阳	0.3	0.7	0.2	1.1	2.5	2.5	3.5	8.7	3.8	5.0	14.0
安康	0.5	1.0	0.3	1.2	2.0	1.9	3.0	2.9	3.0	2.7	3.3
长治	0.5	1.0	0.4	0.9	1.3	1.3	1.8	1.3	1.4	1.5	1.3
邯郸	0.5	1.2	0.4	1.0	1.7	1.5	2.3	1.6	1.8	1.9	1.7
汉中	0.6	1.2	0.4	1.2	2.2	2.1	3.4	2.5	2.3	2.6	2.6
焦作	0.3	0.3	0.2	0.3	0.6	0.3	0.1	0.2	0.1	0.3	0.2
晋城	0.3	0.1	0.1	0.2	0.3	0.3	0.1	0.2	0.2	0.2	0.1

源＼受体	晋中	吕梁	太原	临汾	三门峡	运城	宝鸡	西安	铜川	渭南	咸阳
陇南	0.3	0.1	0.1	0.1	0.2	0.2	0.1	0.1	0.1	0.2	0.1
洛阳	1.0	0.3	1.2	0.3	0.4	0.5	0.3	0.4	0.3	0.5	0.4
南阳	0.2	0.3	0.1	0.3	0.6	0.7	0.4	0.6	0.5	0.7	0.4
平顶山	0.2	0.4	0.1	0.5	0.6	0.6	0.2	0.3	0.3	0.5	0.3
平梁	0.2	0.4	0.1	0.4	0.8	0.8	0.3	0.5	0.4	0.6	0.4
庆阳	0.1	0.2	0.1	0.3	0.5	0.5	0.2	0.3	0.3	0.4	0.2
商洛	0.2	0.4	0.1	0.4	0.9	0.9	0.3	0.5	0.5	0.6	0.4
石家庄	0.4	0.2	0.1	0.3	0.4	0.4	0.2	0.3	0.2	0.4	0.2
天水	0.2	0.2	0.1	0.3	0.4	0.4	0.2	0.3	0.2	0.4	0.2
邢台	0.2	0.3	0.1	0.4	0.5	0.5	0.2	0.3	0.3	0.4	0.3
忻州	5.1	7.8	5.4	5.5	3.4	3.6	1.4	1.6	1.5	2.2	1.5
延安	1.1	2.1	0.6	1.9	3.0	3.2	1.3	1.7	2.1	2.5	1.4
阳泉	0.4	0.9	0.3	0.8	1.2	1.1	1.5	1.2	1.2	1.4	1.1
榆林	0.2	0.4	0.1	0.3	0.5	0.5	0.6	0.7	0.6	0.8	0.5
郑州	0.2	0.4	0.1	0.4	0.5	0.5	0.7	0.7	0.6	0.7	0.6
其他	62.3	66.8	73.8	64.4	54.1	51.5	57.2	49.5	64.6	50.0	54.6

注：本地贡献传输贡献

表 2-13　4 月汾河平原城市 O_3 环境影响矩阵　　　　单位：%

源＼受体	晋中	吕梁	太原	临汾	三门峡	运城	宝鸡	西安	铜川	渭南	咸阳
晋中	8.4	2.2	3.9	1.7	1.5	1.5	1.1	1.3	1.4	1.4	1.3
吕梁	2.9	7.2	2.7	2.0	1.4	1.4	1.1	1.3	1.3	1.3	1.3
太原	5.8	1.9	12.3	1.4	1.4	1.5	1.1	1.3	1.3	1.3	1.3
临汾	1.8	2.6	1.5	10.6	1.5	1.6	1.1	1.2	1.3	1.2	1.2
三门峡	0.7	0.8	0.6	0.9	3.4	2.2	1.3	1.3	1.7	1.9	1.4
运城	1.2	1.5	1.0	2.3	5.1	7.5	1.9	1.9	3.1	2.7	2.1
汾河小计	20.8	16.2	21.9	18.9	14.3	15.7	7.7	8.3	10.1	9.8	8.5
宝鸡	0.8	0.8	0.7	0.7	0.8	0.8	10.2	1.2	0.8	0.9	1.5
西安	1.0	1.1	0.9	1.0	1.1	1.1	4.4	12.8	1.5	3.0	8.0

源 \ 受体	晋中	吕梁	太原	临汾	三门峡	运城	宝鸡	西安	铜川	渭南	咸阳
铜川	0.5	0.5	0.5	0.5	0.6	0.6	0.7	0.7	4.3	0.7	0.8
渭南	1.1	1.2	0.9	1.2	1.9	1.9	2.6	3.7	4.7	8.4	3.4
咸阳	1.0	1.0	0.8	0.9	1.1	1.1	4.8	4.5	2.0	2.2	11.0
安康	1.0	0.9	0.8	0.9	1.2	1.2	1.8	1.6	1.5	1.6	1.6
长治	0.5	0.4	0.5	0.5	0.5	0.5	0.5	0.4	0.4	0.4	0.4
邯郸	0.6	0.5	0.5	0.5	0.5	0.5	0.6	0.5	0.4	0.5	0.5
汉中	0.7	0.7	0.6	0.7	0.7	0.7	1.5	1.0	0.7	0.8	1.1
焦作	1.5	1.7	1.3	2.0	1.1	1.2	0.9	1.0	1.1	1.0	1.0
晋城	2.2	1.5	1.7	1.7	1.2	1.3	1.0	1.1	1.2	1.1	1.1
陇南	2.6	1.4	1.9	1.3	1.4	1.4	1.0	1.2	1.2	1.2	1.1
洛阳	2.3	1.6	2.3	1.8	1.8	1.8	1.4	1.6	1.6	1.6	1.5
南阳	1.0	1.1	0.9	1.2	1.7	1.6	1.6	2.1	1.7	2.1	1.8
平顶山	1.5	1.7	1.3	2.5	1.7	1.7	1.1	1.2	1.4	1.2	1.2
平梁	1.8	1.8	1.5	2.3	2.4	2.5	1.5	1.7	2.0	1.8	1.7
庆阳	1.0	1.0	0.9	1.3	1.9	1.8	1.1	1.2	1.3	1.3	1.2
商洛	1.0	1.2	0.9	1.7	3.5	3.1	1.6	1.7	2.2	2.0	1.8
石家庄	3.2	2.0	2.4	2.1	2.1	2.1	1.5	1.7	1.8	1.8	1.7
天水	1.8	1.5	1.5	1.7	1.8	1.9	1.2	1.5	1.5	1.5	1.4
邢台	2.2	1.5	1.8	1.9	2.0	2.0	1.4	1.6	1.7	1.7	1.6
忻州	4.0	4.2	4.0	3.5	2.9	2.9	2.1	2.2	2.4	2.5	2.2
延安	1.3	1.5	1.2	1.5	2.0	2.1	1.5	1.5	2.0	1.8	1.5
阳泉	0.6	0.6	0.5	0.5	0.5	0.6	0.8	0.6	0.5	0.5	0.5
榆林	0.7	0.7	0.6	0.7	0.7	0.8	1.1	1.4	1.0	1.5	1.1
郑州	0.6	0.6	0.5	0.6	0.6	0.6	0.8	0.7	0.7	0.7	0.7
其他	42.5	51.2	46.9	46.0	48.1	46.7	43.8	41.2	48.4	46.1	40.0

注：本地贡献 传输贡献

表 2-14　7 月汾河平原城市 O_3 环境影响矩阵　　　　　单位：%

源＼受体	晋中	吕梁	太原	临汾	三门峡	运城	宝鸡	西安	铜川	渭南	咸阳
晋中	10.7	2.8	5.7	2.3	1.5	1.6	0.8	1.1	1.1	1.2	1.0
吕梁	1.9	10.3	2.2	1.8	1.5	1.5	1.0	1.1	1.1	1.3	1.1
太原	3.9	2.2	14.6	1.1	1.0	1.0	0.5	0.7	0.6	0.8	0.6
临汾	1.8	3.1	1.8	12.7	1.8	2.4	1.3	1.6	1.6	1.9	1.6
三门峡	0.7	0.7	0.6	1.0	5.5	3.3	1.2	1.5	2.1	2.3	1.5
运城	1.1	1.6	1.1	2.6	5.2	9.5	1.8	2.3	3.3	3.4	2.3
汾河小计	20.0	20.8	25.9	21.5	16.4	19.2	6.8	8.3	9.8	10.9	8.2
宝鸡	1.1	1.2	1.1	1.0	1.0	1.0	13.6	2.0	1.8	1.5	2.5
西安	0.9	0.9	0.9	0.8	0.9	0.9	4.4	16.8	3.1	4.4	11.7
铜川	0.8	0.9	0.8	0.7	0.6	0.6	0.9	0.9	6.4	0.9	1.0
渭南	0.9	1.2	0.9	1.2	1.2	1.3	2.2	3.9	6.9	10.9	3.4
咸阳	1.5	1.6	1.4	1.4	1.3	1.3	4.3	5.8	4.8	2.4	13.2
安康	1.4	1.5	1.5	1.3	1.2	1.2	2.0	1.5	1.6	1.4	1.6
长治	1.1	0.9	1.0	0.8	0.8	0.7	1.2	0.8	0.8	0.7	0.8
邯郸	0.9	1.0	0.9	0.8	0.8	0.8	1.4	0.9	0.9	0.8	0.9
汉中	1.0	1.1	1.0	0.8	0.8	0.8	1.6	1.0	1.1	0.9	1.1
焦作	1.7	1.7	1.5	3.0	1.5	1.6	0.8	1.1	1.0	1.2	1.1
晋城	2.5	1.7	2.3	2.8	1.4	1.5	0.8	1.0	1.0	1.2	1.0
陇南	4.3	1.8	4.0	1.7	1.5	1.5	0.9	1.0	1.0	1.1	1.0
洛阳	1.6	1.7	2.2	1.3	1.4	1.3	0.8	1.0	0.9	1.1	0.9
南阳	1.3	1.0	1.2	1.4	2.1	1.9	1.7	2.0	1.6	2.0	1.8
平顶山	1.5	1.5	1.3	3.1	2.7	2.7	0.9	1.2	1.3	1.4	1.2
平梁	1.8	1.8	1.5	2.9	4.2	3.9	1.9	1.9	2.3	2.4	1.9
庆阳	0.9	0.7	0.8	1.2	1.8	1.6	1.2	1.4	1.4	1.6	1.4
商洛	1.3	1.4	1.2	2.6	6.8	5.6	1.6	2.0	2.8	2.6	2.0
石家庄	5.0	1.9	4.5	1.9	1.6	1.7	0.9	1.1	1.1	1.2	1.0
天水	2.6	1.1	2.1	1.7	1.5	1.4	0.7	0.9	0.9	1.0	0.9
邢台	3.1	1.5	2.6	2.6	2.1	2.0	0.9	1.2	1.1	1.4	1.1
忻州	2.3	3.2	2.3	2.3	2.2	2.1	2.2	2.1	2.4	2.3	2.1

源＼受体	晋中	吕梁	太原	临汾	三门峡	运城	宝鸡	西安	铜川	渭南	咸阳
延安	1.8	2.2	1.8	1.8	1.7	1.8	2.0	2.0	2.8	2.2	2.0
阳泉	1.0	0.7	0.9	0.8	0.8	0.7	2.5	1.0	0.8	0.8	1.2
榆林	1.0	0.7	0.9	0.8	1.1	1.0	1.8	2.6	1.8	2.8	2.2
郑州	1.0	0.7	0.9	0.8	0.9	0.8	1.5	1.2	1.0	1.1	1.3
其他	35.8	43.5	32.6	37.1	39.9	38.9	39.0	33.6	37.9	37.7	31.5

注：本地贡献传输贡献

表 2-15　10 月汾河平原城市 O₃ 环境影响矩阵　　单位：%

源＼受体	晋中	吕梁	太原	临汾	三门峡	运城	宝鸡	西安	铜川	渭南	咸阳
晋中	10.3	2.0	4.0	1.7	1.3	1.3	1.0	1.1	1.1	1.3	1.1
吕梁	2.7	8.2	2.6	2.2	1.4	1.5	1.1	1.3	1.4	1.4	1.2
太原	5.8	2.0	13.7	1.4	1.3	1.3	1.0	1.1	1.0	1.2	1.1
临汾	2.1	3.1	1.8	12.2	1.7	1.9	1.3	1.5	1.5	1.6	1.5
三门峡	1.0	1.1	0.9	1.7	4.5	2.9	1.3	1.8	1.7	2.4	1.8
运城	1.6	2.3	1.5	5.4	7.0	10.5	2.1	2.8	3.3	3.6	2.9
汾河小计	23.4	18.7	24.5	24.7	17.2	19.4	7.8	9.5	9.7	11.4	9.5
宝鸡	1.2	1.3	1.1	1.3	1.4	1.4	13.7	2.1	1.6	1.7	2.9
西安	1.2	1.4	1.2	1.8	2.1	2.3	4.6	14.6	3.1	5.9	8.1
铜川	0.9	0.9	0.9	1.1	1.0	1.1	1.1	1.3	6.8	1.2	1.4
渭南	1.4	1.7	1.3	2.6	2.8	3.1	2.9	4.5	5.5	10.0	4.4
咸阳	1.3	1.5	1.3	1.7	2.0	2.1	5.2	6.5	5.2	3.2	14.6
安康	1.5	1.5	1.4	1.4	1.4	1.4	2.0	1.7	1.6	1.5	1.9
长治	0.8	0.8	0.8	0.8	0.8	0.8	1.2	0.9	0.8	0.9	0.9
邯郸	1.0	1.0	0.9	1.0	0.9	0.9	1.2	0.9	0.8	1.0	0.9
汉中	1.1	1.1	1.0	1.1	1.1	1.0	1.8	1.1	1.0	1.1	1.2
焦作	1.7	1.2	1.5	1.5	1.3	1.3	0.9	1.1	1.0	1.2	1.1
晋城	2.1	1.3	1.6	1.6	1.3	1.3	1.2	1.1	1.0	1.2	1.1
陇南	3.4	1.3	2.0	1.1	1.0	1.0	0.7	0.8	0.7	0.9	0.8
洛阳	3.0	3.4	3.8	2.0	1.7	1.8	1.2	1.4	1.3	1.6	1.3

源＼受体	晋中	吕梁	太原	临汾	三门峡	运城	宝鸡	西安	铜川	渭南	咸阳
南阳	1.0	0.9	0.9	1.3	1.6	1.6	1.2	1.5	1.2	1.7	1.4
平顶山	1.8	1.5	1.6	2.2	2.0	1.9	1.1	1.4	1.4	1.6	1.4
平梁	1.8	1.7	1.6	2.5	3.0	2.8	1.5	2.0	2.0	2.4	1.9
庆阳	0.9	0.8	0.8	1.3	1.5	1.4	0.8	1.0	0.9	1.1	1.0
商洛	1.4	1.6	1.3	2.6	4.3	3.7	1.5	2.0	2.1	2.4	1.9
石家庄	3.4	1.8	2.3	2.2	2.4	2.3	1.3	1.6	1.5	1.9	1.5
天水	1.8	1.4	1.4	1.9	2.0	2.0	1.0	1.3	1.3	1.5	1.2
邢台	1.9	1.7	1.5	2.4	2.5	2.5	1.2	1.6	1.6	1.9	1.5
忻州	2.7	4.9	3.1	3.4	2.5	2.6	2.5	2.5	2.8	2.6	2.4
延安	1.6	1.7	1.6	2.0	1.9	2.0	1.9	2.0	2.5	2.2	1.9
阳泉	0.9	0.9	0.9	1.0	1.0	1.0	1.8	1.2	1.1	1.1	1.2
榆林	0.8	0.8	0.7	1.0	1.2	1.2	1.1	1.6	1.1	2.0	1.3
郑州	0.8	0.8	0.8	0.9	1.0	1.0	1.3	1.3	0.9	1.3	1.2
其他	35.2	42.2	38.2	31.4	36.9	35.2	36.3	31.4	39.5	33.7	29.9

注：本地贡献传输贡献

表2-16　12月汾河平原城市 O_3 环境影响矩阵　　　　单位：%

源＼受体	晋中	吕梁	太原	临汾	三门峡	运城	宝鸡	西安	铜川	渭南	咸阳
晋中	10.8	0.5	2.3	0.7	0.5	0.5	0.4	0.4	0.3	0.5	0.4
吕梁	5.6	10.3	3.8	2.1	0.8	0.9	0.6	0.7	0.5	0.7	0.6
太原	11.0	0.4	13.7	0.4	0.5	0.5	0.3	0.4	0.3	0.4	0.3
临汾	1.5	0.8	0.6	12.4	1.2	1.7	0.5	0.6	0.5	0.7	0.5
三门峡	0.3	0.4	0.2	0.5	2.0	1.2	0.6	0.7	0.5	1.0	0.7
运城	0.6	0.8	0.4	3.3	9.1	12.8	1.2	1.5	1.3	2.2	1.4
汾河小计	29.6	13.1	20.9	19.5	14.0	17.6	3.5	4.3	3.5	5.6	3.9
宝鸡	1.4	1.8	1.0	1.6	2.5	2.4	16.0	4.1	2.7	3.9	4.8
西安	0.6	0.8	0.4	0.9	2.7	2.5	3.4	15.8	1.8	7.3	6.1
铜川	0.3	0.4	0.2	0.6	1.4	1.3	0.8	1.5	8.1	1.6	1.4
渭南	0.6	0.8	0.4	1.7	4.3	4.5	1.5	3.6	3.1	9.1	2.6

源 ＼ 受体	晋中	吕梁	太原	临汾	三门峡	运城	宝鸡	西安	铜川	渭南	咸阳
咸阳	0.7	1.0	0.5	1.0	2.8	2.5	4.6	8.8	4.1	5.5	16.1
安康	1.6	2.2	1.1	2.1	2.8	2.6	3.9	3.6	3.6	3.8	4.0
长治	1.5	2.0	1.1	1.8	2.2	2.2	3.0	2.4	2.2	2.5	2.4
邯郸	1.6	2.1	1.1	1.9	2.4	2.4	3.6	2.6	2.5	2.8	2.7
汉中	1.3	1.8	1.0	1.6	2.2	2.2	4.6	3.0	2.5	3.1	3.1
焦作	0.2	0.3	0.1	0.5	0.4	0.5	0.3	0.3	0.3	0.4	0.3
晋城	0.3	0.3	0.2	0.5	0.4	0.5	0.3	0.4	0.3	0.4	0.3
陇南	0.9	0.3	0.4	0.3	0.4	0.4	0.3	0.3	0.2	0.3	0.3
洛阳	1.5	1.4	1.7	0.9	0.7	0.8	0.5	0.6	0.5	0.7	0.5
南阳	1.0	1.3	0.8	1.2	1.6	1.6	1.9	1.8	1.5	1.9	1.7
平顶山	0.3	0.3	0.2	0.8	0.7	0.9	0.4	0.5	0.4	0.6	0.4
平梁	0.6	0.8	0.4	1.0	1.6	1.7	1.0	1.2	0.9	1.3	1.1
庆阳	0.9	1.2	0.7	1.1	1.5	1.5	1.7	1.6	1.3	1.7	1.6
商洛	0.3	0.4	0.2	0.7	1.3	1.4	0.7	0.8	0.6	1.0	0.7
石家庄	1.1	0.5	0.5	0.7	0.7	0.8	0.5	0.6	0.5	0.7	0.5
天水	0.3	0.4	0.2	0.7	0.8	0.9	0.5	0.6	0.5	0.7	0.6
邢台	0.4	0.5	0.3	0.8	1.0	1.1	0.7	0.8	0.6	0.9	0.7
忻州	5.1	8.6	5.0	6.1	4.0	4.3	1.8	2.5	2.6	2.9	2.3
延安	1.3	2.3	0.9	2.3	3.4	3.4	1.9	1.9	3.0	2.6	1.7
阳泉	1.4	1.8	1.0	1.7	2.0	2.0	2.9	2.3	2.0	2.4	2.3
榆林	0.8	1.1	0.6	0.9	1.3	1.3	1.5	1.5	1.2	1.6	1.4
郑州	1.1	1.4	0.8	1.2	1.5	1.6	2.1	1.8	1.5	1.9	1.8
其他	43.3	50.9	58.1	45.7	39.4	35.1	36.6	30.7	48.2	32.8	34.4

注：本地贡献传输贡献

2.3.2　汾河平原 PM2.5 源类别贡献

图 2-23 显示了汾河平原 6 个城市及汾河平原 PM2.5 平均浓度来自汾河平原各源类（即汾河平原 6 城市的同类源贡献之和）的贡献率，图 2-24 为 1 月和重污染时期月均浓度各源类贡献率饼图。图中 BCON 为模拟区域外围的传输贡献。源类的贡献涉及了 7 个源类，即居民源、天然源、电厂源、工业源、农业源、扬尘源及交通源。OTH 是指在汾河平原

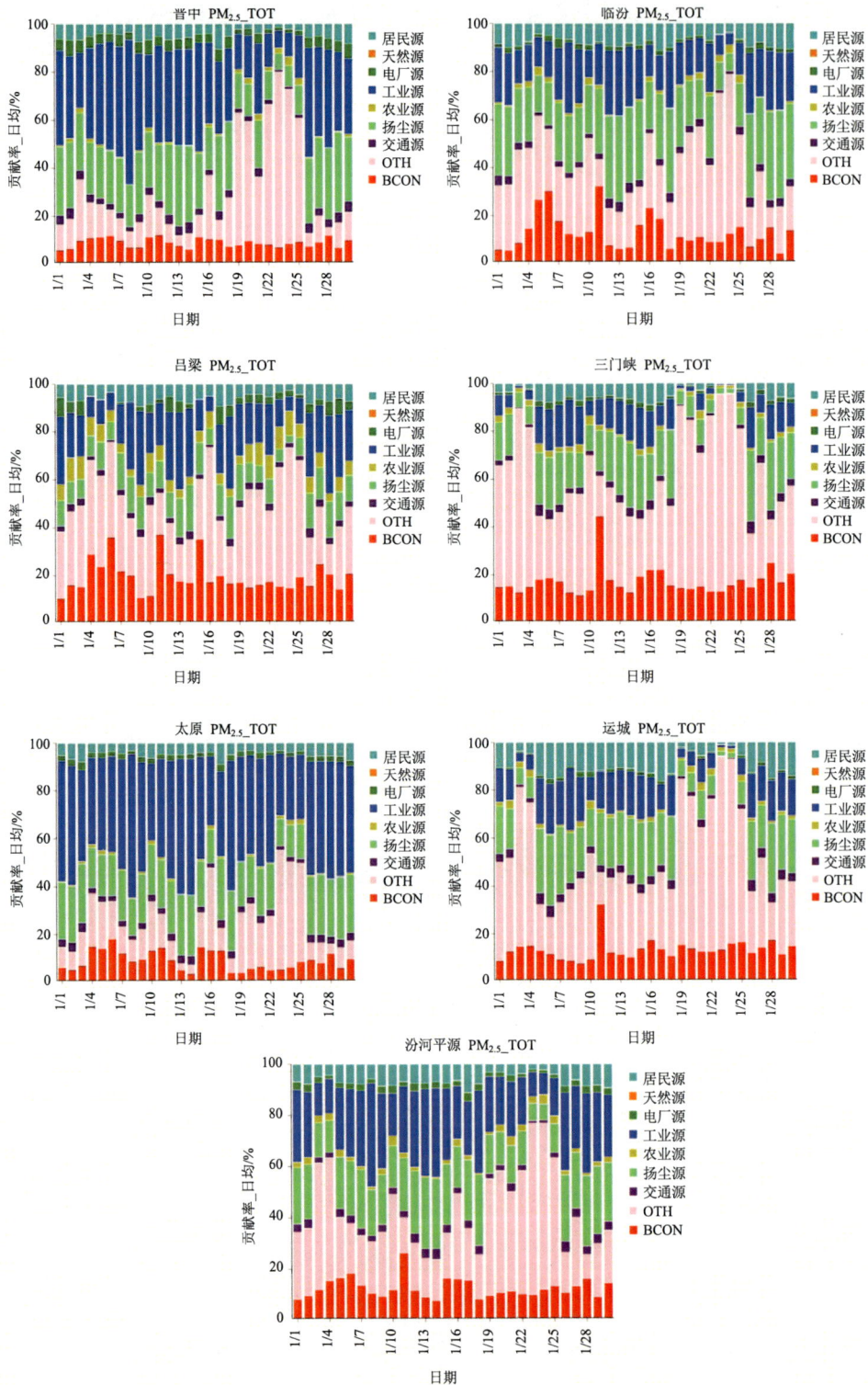

图 2-23　1 月汾河平原及其 6 个城市的 PM$_{2.5}$ 浓度来自汾河平原各源类的贡献率图

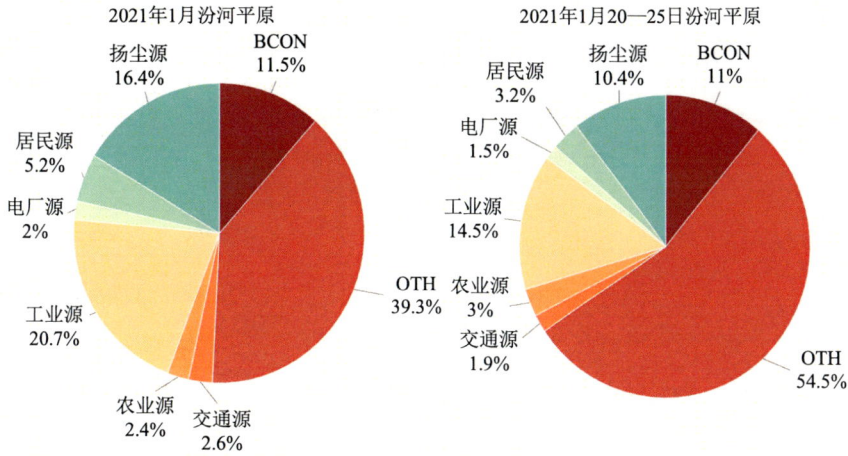

图 2-24　汾河平原 1 月和重污染时期月均浓度各源类贡献率

6 个城市之外且模拟区域内的区域贡献。BCON 为模拟区域之外的传输贡献。汾河平原外围的贡献即 OTH 和 BCON 贡献之和。从汾河平原平均 PM$_{2.5}$ 浓度的来源来看，OTH 最大，达到 39.2%，BCON 为 11.5%。工业源对整个汾河平原 PM$_{2.5}$ 浓度的贡献率明显，达到 20.7%，扬尘源为 16.4%；居民源占比为 5.2%，交通源、农业源和电厂源占比较低，分别为 2.6%、2.4% 和 2.0%。重污染期间（1 月 20—25 日），来自 OTH 的贡献增加，达到 54.4%，各个源类贡献降低，工业源、扬尘源、居民源、交通源、农业源和电厂源分别降低为 14.5%、10.4%、3.2%、1.9%、3.0% 和 1.5%。对于太原和晋中，从 PM$_{2.5}$ 日均浓度的汾河平原源类贡献率来看，其主要贡献源为工业源和扬尘源，其次为居民源和交通源；三门峡、运城和临汾的扬尘源贡献较为明显，其次为工业源。从汾河平原 6 个城市的比较来看，汾河平原的工业源对太原的 PM$_{2.5}$ 贡献率最大，达到 41.6%，其次是晋中、吕梁和临汾，为 25.8%、18.1% 和 17.2%。从汾河平原 PM$_{2.5}$ 平均日均浓度的来源来看，来自汾河平原工业源的贡献率最高，可达约 59.8%，出现在太原的 1 月 8 日。

　　图 2-25 为汾河平原各城市 2021 年 1 月 PM$_{2.5}$ 浓度来自本地各源类的贡献率。从图 2-25 中可以看出，太原、临汾、吕梁和运城的 7 类源对本地的贡献率较大，分别为 63%、60%、49% 和 38%，晋中 7 类源对本地的贡献次之，贡献率为 35%，三门峡 7 类源对本城市的贡献最低，为 9%。其中，太原的工业源和扬尘源对太原的 PM$_{2.5}$ 贡献较为明显，分别为 38% 和 17%，运城和临汾的扬尘源对 PM$_{2.5}$ 浓度贡献占据主导地位，达到 13% 和 25%，三门峡扬尘源对三门峡 PM$_{2.5}$ 浓度的贡献率为 1%～13%，是三门峡本地源中的主要贡献源，这是因为三门峡具有较多的采矿企业，而这些采矿企业产生的扬尘量较大，但是总体来看，三门峡的 PM$_{2.5}$ 浓度来自本地各源类的贡献均很小，这与三门峡的地理位置有关。

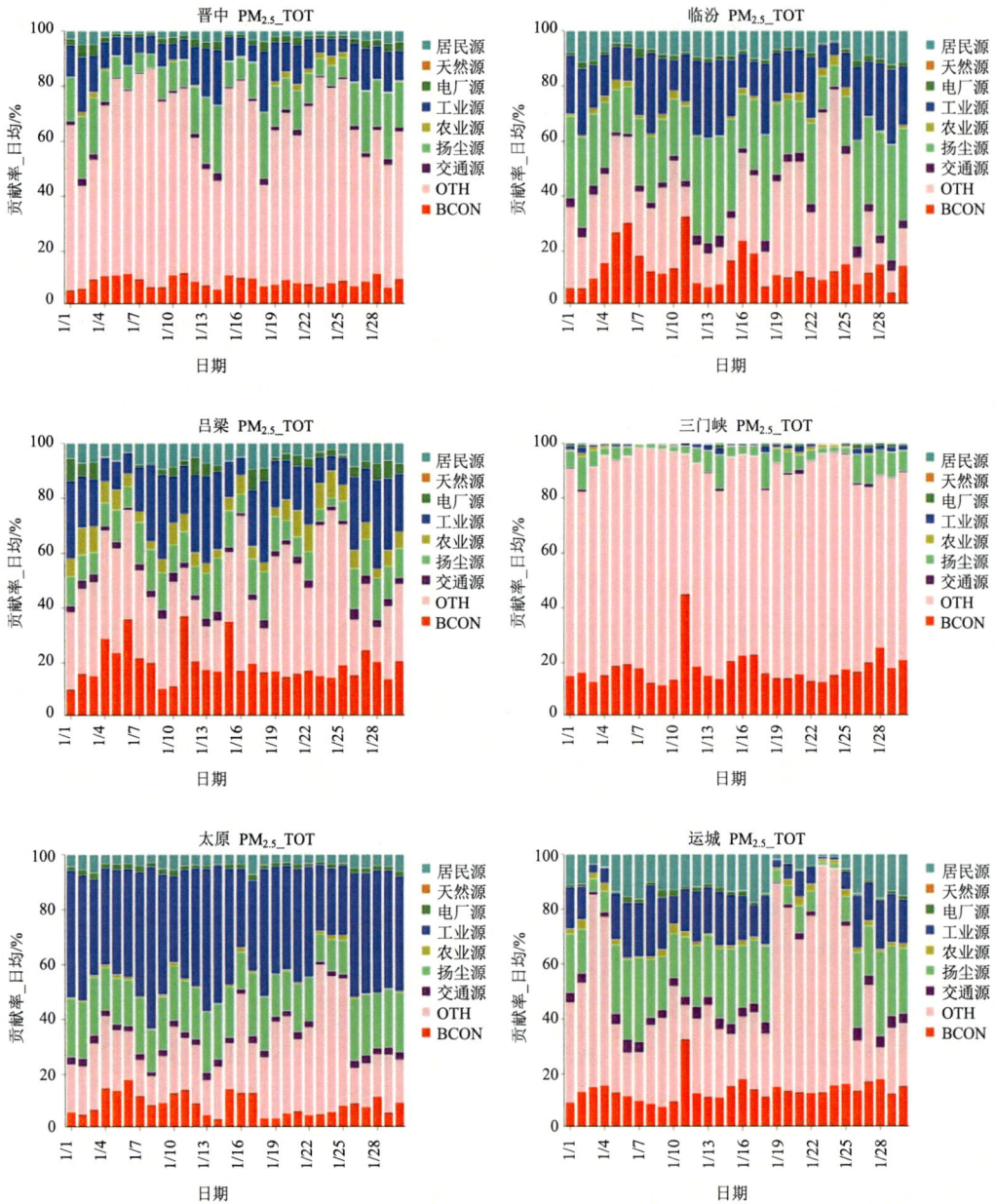

图 2-25　汾河平原各城市的 1 月 $PM_{2.5}$ 日均浓度来自本地各源类的贡献率

从图 2-26 的 4 月、7 月、10 月和 12 月汾河平原 $PM_{2.5}$ 浓度来自汾河平原各源类的贡献率图来看，主要为工业源，分别为 23.2%、24.6%、22.4% 和 24.7%，其次为扬尘源，分别为 17.6%、19.6%、18.6% 和 17.9%。居民源贡献较少，12 月居民源高于 4 月、7 月和 10 月，达到 5.8%，其他月份在 1.3%~1.5%，主要原因为该月为冬季，居民采暖来源较高。各月交通源贡献率为 3% 左右。

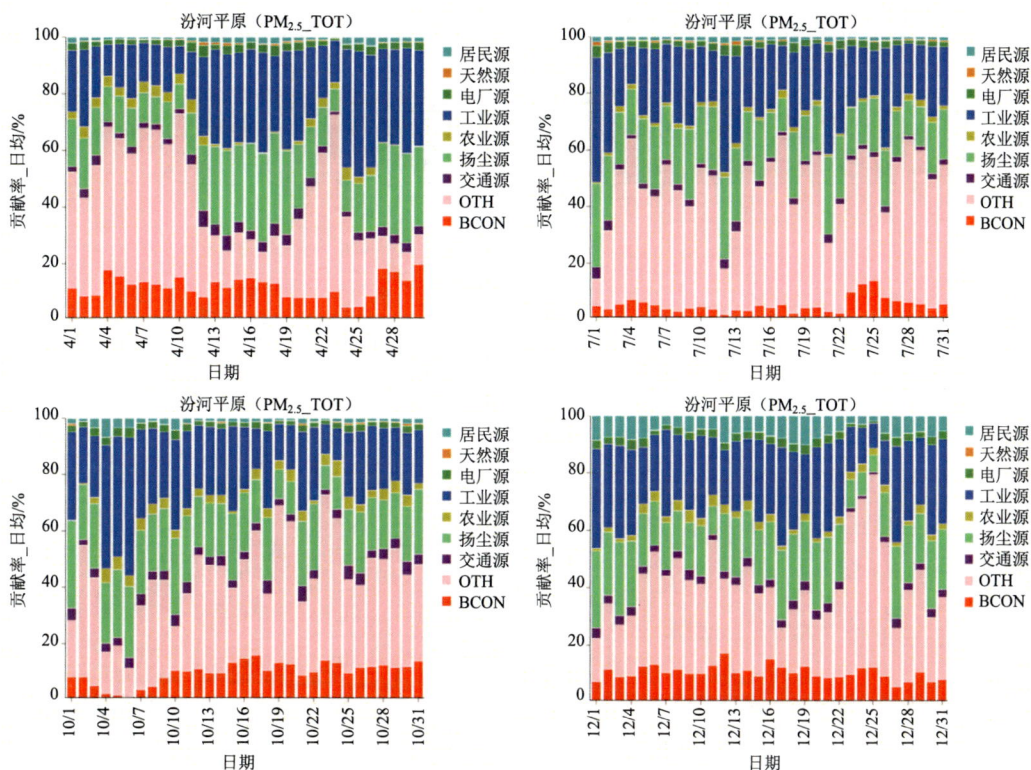

图 2-26 4 月、7 月、10 月和 12 月汾河平原的 PM₂.₅ 浓度来自汾河平原各源类的贡献率

2.4 汾河平原消除重污染和空气质量达标减排路径研究

2.4.1 汾河平原减排情景设计

汾河平原在 2021 年冬季最重的 PM₂.₅ 污染（不考虑沙尘暴的影响）出现在 1 月 20—25 日，三门峡和吕梁日均浓度最高发生在 24 日，分别为 219.2μg/m³（三门峡）和 90.4μg/m³（吕梁）；太原、临汾的日均最高浓度发生在 21 日，分别为 132.7μg/m³ 和 169.5μg/m³，其次是 24 日；晋中的日均值发生在 24 日，最高为 100.2μg/m³，其次为 21 日；运城的最高日均值为 22 日，达到 178.2μg/m³，其次为 21 日。其中出现重污染的城市为三门峡、临汾和运城。为研究汾河平原重污染应急管控措施，结合上述 PM₂.₅ 空间和源类来源解析结果，针对典型污染事件期间（1 月 20—25 日）各城市不同类型源的减排设置 15 种情景，见表 2-17 和表 2-18，其中表 2-17 为各类污染源"一刀切"减排情景；表 2-18 为各类污染源差异化减排情景。

表 2-17   典型污染事件期间（1月20—25日）汾河平原及周边区域"一刀切"减排情景

单位：%

减排对象		情景1	情景2	情景3	情景4	情景8	情景9	情景14	情景15
		排放率							
太原和临汾	工业源	10	25	40	40	40	50	75	75
	扬尘源	10	25	40	40	40	50	75	75
	居民生活源	10	25	40	40	40	50	75	75
	交通源	10	25	40	40	40	50	75	75
运城	工业源	10	25	40	40	40	50	75	75
	扬尘源	10	25	40	40	40	50	75	75
	居民生活源	10	25	40	40	40	50	75	75
	交通源	10	25	40	40	40	50	75	75
吕梁、晋中和三门峡	工业源	10	25	40	40	40	50	75	75
	扬尘源	10	25	40	40	40	50	75	75
	居民生活源	10	25	40	40	40	50	75	75
	交通源	10	25	40	40	40	50	75	75
河北		10	25	40	25	40	50	75	100
河南		10	25	40	25	40	50	75	100
山西		10	25	40	25	40	50	75	100
中远距离（OTH）		10	25	40	25	40	50	75	100
远距离传输（BCON）		25	25	25	50	100	100	100	100

表 2-18   典型污染事件期间（1月20—25日）汾河平原及周边区域差异化减排情景

单位：%

减排对象		情景5	情景6	情景7	情景10	情景11	情景12	情景13
		排放率						
太原和临汾	工业源	40	40	25	40	60	60	75
	扬尘源	40	40	25	40	20	60	75
	居民生活源	60	60	50	60	80	80	90
	交通源	60	60	50	60	80	80	90
运城	工业源	40	40	25	40	60	60	75
	扬尘源	40	40	25	40	20	60	75
	居民生活源	80	80	50	60	80	80	90
	交通源	80	80	50	60	80	80	90
	工业源	40	40	25	40	60	60	75

减排对象		情景 5	情景 6	情景 7	情景 10	情景 11	情景 12	情景 13
吕梁、晋中和三门峡	扬尘源	40	40	25	40	20	60	75
	居民生活源	40	40	50	60	80	80	90
	交通源	40	40	50	60	80	80	90
河北		25	40	40	50	60	60	75
河南		25	40	40	50	60	60	75
山西		25	40	40	50	60	60	75
中远距离（OTH）		25	40	40	50	60	60	75
远距离传输（BCON）		50	50	50	75	75	75	75

表 2-19 为减排情景下典型污染事件期间（1 月 20—25 日）各城市 PM$_{2.5}$ 平均浓度改善率，表 2-20 为减排情景下典型污染事件期间（1 月 20—25 日）各城市 PM$_{2.5}$ 平均浓度改善情况。图 2-28 和图 2-29 为减排情景（15 个）下典型污染事件期间（1 月 20—25 日）各城市 PM$_{2.5}$ 时间序列图。

表 2-19　减排情景下典型污染事件期间（1 月 20—25 日）各城市 PM$_{2.5}$ 平均浓度下降率

单位：%

	晋中	临汾	吕梁	三门峡	太原	运城
下降率						
情景 1	73.5	75.0	72.2	72.1	76.7	74.4
情景 2	59.1	60.8	58.9	57.5	62.7	59.7
情景 3	46.4	47.0	45.9	44.0	49.5	46.1
情景 4	50.3	50.1	46.6	52.1	51.6	52.4
情景 5	49.1	45.9	44.7	50.6	49.2	47.8
情景 6	42.3	38.7	37.9	38.4	44.4	37.6
情景 7	46.1	44.2	41.3	40.3	51.5	42.8
情景 8	43.4	42.8	39.8	40.0	46.8	42.2
情景 9	35.6	34.2	31.4	31.7	38.4	33.7
情景 10	33.7	30.3	25.6	27.9	37.9	29.6
情景 11	26.8	22.8	16.5	20.3	29.2	21.7
情景 12	22.9	18.6	14.0	19.5	24.6	19.6
情景 13	12.5	7.4	3.1	8.9	13.0	8.7
情景 14	18.0	18.3	18.6	16.3	20.0	17.7
情景 15	8.9	9.5	9.4	1.9	13.3	5.0

表 2-20 减排情景下典型污染事件期间（1 月 20—25 日）各城市 PM2.5 平均浓度改善情况

单位：μg/m³

	晋中	临汾	吕梁	三门峡	太原	运城
			下降浓度			
情景 1	59.9	94.7	46.7	112.4	84.0	103.3
情景 2	48.2	76.8	38.1	89.6	68.7	83.0
情景 3	37.8	59.4	29.7	68.6	54.2	64.1
情景 4	41.0	63.3	30.1	81.3	56.5	72.9
情景 5	40.0	58.0	28.9	78.8	53.8	66.5
情景 6	34.4	48.8	24.5	59.9	48.6	52.2
情景 7	37.6	55.8	26.7	62.9	56.4	59.4
情景 8	35.4	54.1	25.7	62.4	51.2	58.6
情景 9	29.1	43.1	20.3	49.5	42.0	46.8
情景 10	27.4	38.2	16.6	43.5	41.5	41.1
情景 11	21.8	28.8	10.7	31.6	32.0	30.2
情景 12	18.7	23.5	9.1	30.3	26.9	27.3
情景 13	10.1	9.4	2.0	13.9	14.2	12.1
情景 14	14.6	23.1	12.0	25.4	21.8	24.6
情景 15	7.2	12.1	6.1	3.0	14.5	6.9

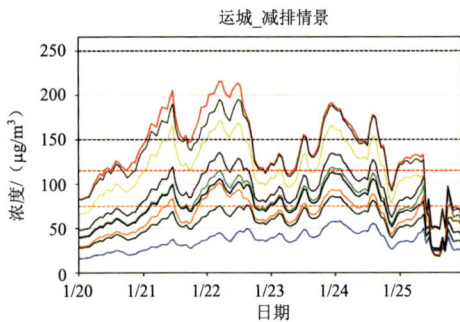

运城_减排情景

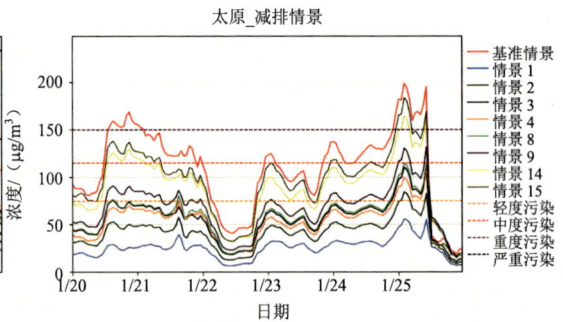

太原_减排情景

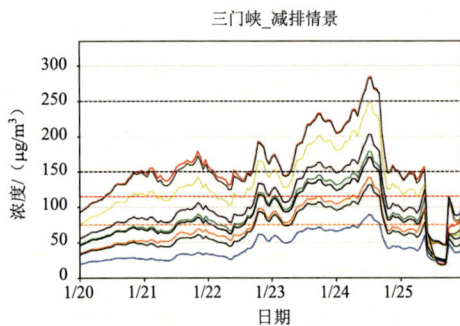

三门峡_减排情景

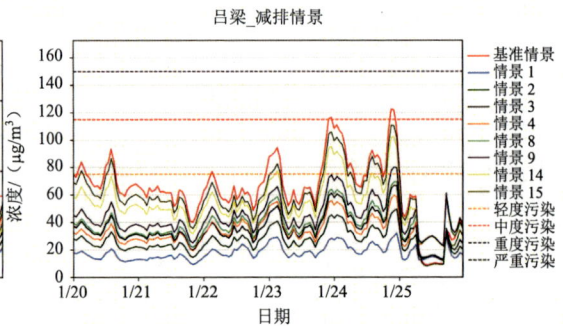

吕梁_减排情景

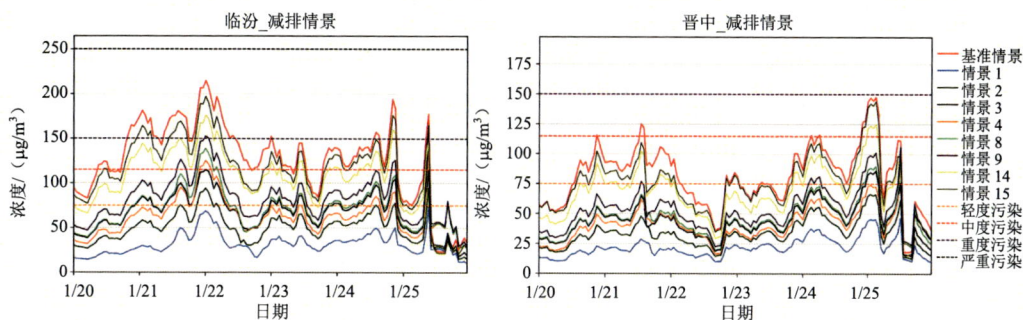

图 2-27　减排情景（8 个）下典型污染事件期间（1 月 20—25 日）各城市 PM₂.₅ 浓度时间序列图

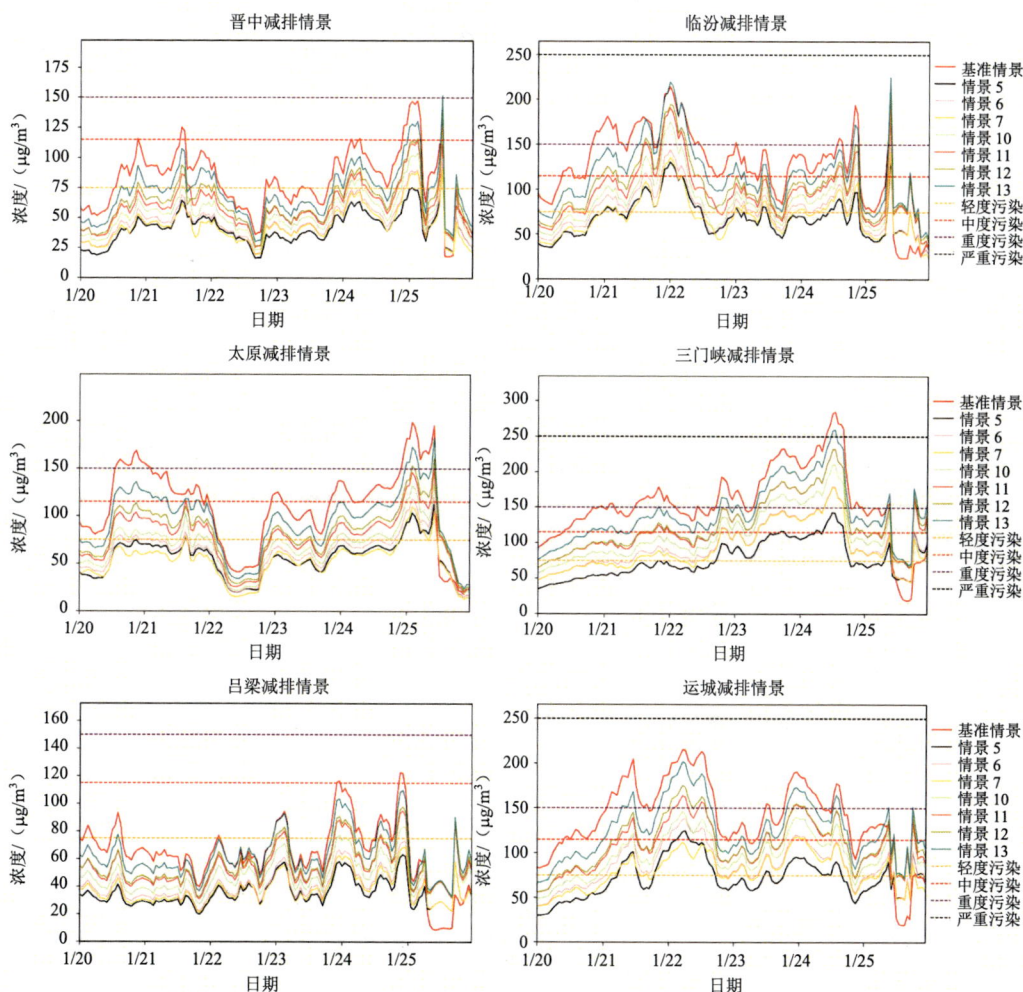

图 2-28　减排情景（7 个）下典型污染事件期间（1 月 20—25 日）各城市 PM₂.₅ 浓度时间序列图

2.4.2　消除重污染目标下的减排路径

根据上述减排情景模拟结果可知（图 2-29），在本地排放率为 75%情景下（情景 15），太原 $PM_{2.5}$ 管控效果最为明显，下降率达到 13.3%，其次是吕梁、临汾和晋中，下降率分别为 9.5%、9.4%和 8.9%；三门峡下降率仅为 1.9%，特别是峰值时间段，减排效果不明显，说明三门峡本地贡献较低，典型污染事件中以传输贡献为主；运城减排效果也不明显，下降率为 5%，无法有效消除重污染。在 BCON 不减排情形下，设置模拟区域内各个城市排放率为 75%，$PM_{2.5}$ 浓度平均改善率为 20%左右（情景 14）；设置模拟区域内各个城市排放率为 50%，平均浓度改善率为 30%左右（情景 9），这表明汾河平原应强化与周边河北、河南、陕西等省份临近城市的联防联控，才能有效应对重污染。而若考虑不同类型源管控的难易程度，实施差异化减排，在工业源和扬尘源排放率为 75%、居民源和交通源排放率为 90%、周边省份临近城市及 BCON 同步控制的情景下，平均浓度改善率为 10%左右（情景 13）；在工业源和扬尘源排放率为 60%、居民源和交通源排放率为 80%、周边省份临近城市及 BCON 同步控制的情景下，平均浓度改善率为 20%左右（情景 12），能够有效消除重污染。

情景 4、情景 5、情景 6 和情景 7 比较了不同源类减排对 $PM_{2.5}$ 平均浓度的影响。从情景 4 和情景 5 可以看出，太原、临汾、运城的居民源和交通源的减排对 $PM_{2.5}$ 平均浓度的影响较小，临汾的改善率为 5.2%、运城为 4.6%；其他城市的改善率低于 3%。根据情景 6 和情景 7，太原、临汾、运城工业源和扬尘源减排对 $PM_{2.5}$ 平均浓度影响太原最高，为 7.1%，临汾为 5.5%。改变中距离的传输贡献（情景 5、情景 6），三门峡和运城的改善率高于 10%，太原低于 5%，其他城市也在 7%左右。汾河平原 6 个城市的扬尘源排放率为 20%（情景 11、情景 12），改善率 5%以内。三门峡和运城的改善率最低，分别为 0.8%和 2.1%。根据情景 10、情景 12、情景 13 的减排设置，可以看出，在 BCON 不变的情况下（75%），随着汾河平原和中距离传输的排放率逐渐增加，改善率逐渐降低。

对于临汾，情景 15（即仅汾河平原 6 个城市的各源类均减排 25%）是无法消除重污染的。在此基础上汾河平原周边的 26 城市也减排 25%（即情景 14），则可以达到完全消除重污染事件的效果。情景 13 刚好能使临汾消除重污染，而且情景 13 是差异化减排，具体为汾河平原之外的所有区域减排 25%，汾河平原 6 个城市居民源和交通源减排 10%，工业源和扬尘源减排 25%。情景 13 对比较难减的居民源和交通源设置了较少的减排率，而对工业源和扬尘源的较大程度减排，在实际污染防控中也比较容易实施，可以作为一种推荐减排方案。

对于运城，情景 15（即仅汾河平原 6 个城市的各源类均减排 25%）是无法到达消除重污染的。在此基础上汾河平原周边的 26 城市也减排 25%（即情景 14），则可以达到完全消除重污染的效果。情景 13 无法消除运城重污染（不同于临汾情况）。情景 12 也可以消除运城的重污染。相比情景 1 的"一刀切"减排，情景 12 的差异化减排则更科学。情景 12 是远距离区域（模拟区域外）减排 25%，模拟区域内且汾河平原外的区域减排 40%，汾河平原各城市（6 个城市）的居民源和交通源均减排 20% 且工业源和扬尘源均减排 40%，可以作为一种推荐减排方案。

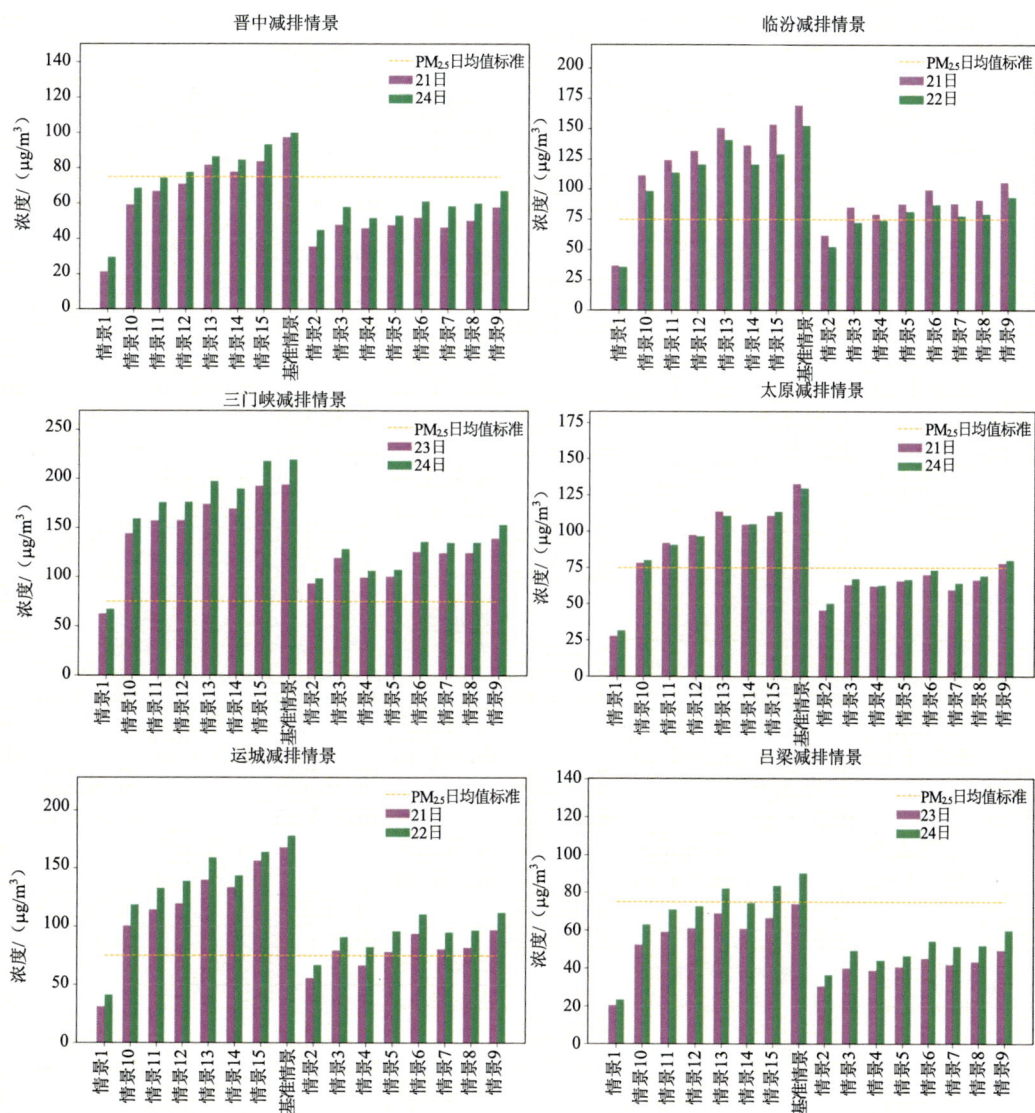

图 2-29　减排情景下典型污染事件期间（1 月 20—25 日）各城市 PM₂.₅ 日均浓度达标情况

对于三门峡，情景 9～情景 15 均无法消除重污染，其中情景 9（模拟区域外的排放不减而模拟区域内的所有区域各类源均减排 50%）的三门峡 1 月 24 日 PM₂.₅ 浓度仍稍高于150 μg/m³。情景 8（模拟区域外的排放不减而模拟区域内的所有区域各类源均减排60%）能使三门峡完全消除重污染。基于此，可以推出，如果模拟区域外不减排，那模拟区域内的各类源减排 55%也能消除三门峡的重污染。情景 6、情景 7、情景 8 的减排效果接近，其中情景 8 为"一刀切"减排，而情景 6 和情景 7 是差异化减排。总体来看，情景 6 和情景 7 都可以作为消除三门峡 PM$_{2.5}$ 重污染的推荐减排方案。

2.4.3　空气质量达标目标下的减排路径

汾河平原 PM$_{2.5}$ 最高日均浓度达标情况具体分析如下。吕梁日均浓度最高的 24 日，除去情景 13 和情景 15，其他减排情景都可以达标；对于三门峡，23 日和 24 日都只有情景 1 才能达到要求，主要由于其特殊的地理形势，极易受到周边城市和中距离传输的影响；对于太原，情景 1～情景 8 能达标；临汾和运城在情景 1～情景 2 中才能达标；晋中情景 1～情景 11 能达标；对于三门峡、运城和临汾，由于这些城市的日均浓度较高，因而，需要削减较多排放量才能达到要求。

总的来说，为了使汾河平原各城市 PM$_{2.5}$ 最高日均值达标，汾河平原（近距离）、中距离、中远距离甚至远距离区域的联防联控是非常必要的。

3

汾河平原空气质量改善路线图研究

3.1 大气环境容量和超载率测算

随着大气环境问题从传统的煤烟型污染向区域型复合性污染转变，我国大气污染管理模式大致经历了"排放浓度控制—排放总量控制—环境质量控制"3 个阶段，随着大气环境问题和管理模式的演变，大气环境容量的核定思路不断完善。总体而言，我国大气环境容量研究经历了以下 4 个发展阶段。

第一阶段（1980—2000 年）为环境容量概念引入与探索期。从 20 世纪 80 年代开始，随着经济的快速发展，能源消耗量急剧增加，我国城市煤烟型污染越来越严重。大气污染防治工作重点集中在工业点源的烟粉尘和 SO_2 治理，实施了以大气污染物排放标准为主要载体的排放浓度控制，但无法解决排放浓度达标而环境空气质量继续恶化的矛盾。这一时期，相关学者开始探索基于大气环境容量的总量控制，环境容量概念引入中国。针对 SO_2 浓度超标问题，我国开展了大量 SO_2 环境容量研究工作，代表性的成果是任阵海等以《环境空气质量标准》（GB 3095—1996）的 SO_2 标准限值为约束条件，考虑总量控制及大气输送，计算了全国城市 SO_2 年均浓度达标下 SO_2 最大允许排放量约为 1 200 万 t[1]。

第二阶段（2001—2005 年）为环境容量理论的发展与实践期。从 20 世纪 90 年代开始，燃煤引发的酸雨污染问题引起了公众的关注，环境问题从局地煤烟型向区域性污染转变，污染控制思路从排放浓度控制向总量控制过渡，酸性污染物总量控制成为酸雨污染防治的重点。这一时期，有关学者围绕酸雨污染开展了酸沉降临界负荷及 SO_2 等大气污染物环境容量研究。在全国层面，段雷等研究了不同保证率下的全国及各省网格化的酸沉降临界负荷[2]。柴发合等以 95%保证率下硫沉降临界负荷为约束条件，计算了全国 SO_2 环境容量约为 1 700 万 t[3]。在区域层面，基于空气质量模型和线性优化模型，计算了辽中城市群的 SO_2 环境容量[4]。在城市层面，基于空气质量模型或线性优化模型计算了兰州等城市大气环境容量。国家环境保护总局于 2003 年组织核算了 113 个环保重点城市的大气环境容量[5]。

第三阶段（2006—2012 年）为大气环境容量研究的停滞期。"十一五"时期以来，我国污染控制全面进入总量控制阶段，SO_2 纳入国家"十一五"约束性指标体系，SO_2、NO_x 双指标同时纳入了国家"十二五"约束性指标体系。实施总量控制以来，全国 SO_2、NO_x 排放总量出现大幅下降，SO_2、NO_2 年均浓度均有所降低，但 $PM_{2.5}$ 等区域污染问题日益严重，其主要原因是目标总量控制在一定程度上淡化了对区域、城市空气质量达标的要求，没有建立有效的污染减排与空气质量改善之间的关系。这一时期目标总量控制成为我国大气污染控制的重要制度，而容量总量控制及相关研究基本处于停滞期。

第四阶段（2013 年至今）是以环境质量为核心的控制思路促进环境容量研究的快速发展期。为控制日益突出的以 $PM_{2.5}$、O_3 为特征的区域复合型大气污染，2012 年国务院批复了《重点区域大气污染防治"十二五"规划》，标志着大气污染防治工作思路由"排放总量目标导向"向"环境质量目标导向"转变。2013 年国务院印发的《大气污染防治行动计划》，正式确立了以环境质量为核心的大气污染防治模式。在此背景下，相关学者开始研究"污染排放"与"质量改善"间的定量关系，探索基于 $PM_{2.5}$ 浓度达标约束下的多污染物环境容量计算方法。以王金南、薛文博等为代表的研究团队，基于第三代空气质量模型（WRF-CAMx），开发了大气环境容量三维迭代优化算法，并以 338 个地级城市 $PM_{2.5}$ 年均浓度达标为约束条件，计算了 31 个省、自治区、直辖市 SO_2、NO_x、一次 $PM_{2.5}$ 及 NH_3 的最大允许排放量[6]。

针对先后出现煤烟型、酸雨型、复合型污染问题，大气环境容量核算思路如表 3-1 所示。预计 $PM_{2.5}$、PM_{10}、O_3 等污染问题将在未来一段时间内同时存在，因此大气环境容量研究的难点是"如何核算多环境指标同时达标时，SO_2、NO_x、PM、VOCs 及 NH_3 等多污染物环境容量"，大气中多种污染物引起的多种环境问题的复杂性对大气环境容量核算提出了更大的挑战。$PM_{2.5}$ 和 O_3 等复合型污染是由排放至大气中的 NO_x、VOCs 等多种大气污染物经过一系列复杂的物理、化学、光化学等反应而生成的，污染特征受到气象条件、污染源时空分布、污染源类别、污染源种类等多种因素的综合影响，因此亟须突破的关键是在空气质量达标约束下多种污染物排放量在时间、空间和行业等层面的多目标最优化技术。由于不同年份、季节的气象条件差异性大，造成了空气质量的变化，导致大气所能容纳的大气污染物排放量的差异。此外，重污染天气等短期空气质量保障是大气污染管理的一项重要工作。因此，计算特定时段内大气污染物的允许排放量，提高大气环境容量时间分辨率，是一个技术难题。

表 3-1　大气环境容量的核定思路

环境问题	污染物指标	核定思路	实践问题
煤烟型污染	SO_2、NO_2 及 PM_{10}	基于单一环境问题约束的单一污染物环境容量	SO_2、NO_2 及 PM_{10} 达标对应的各污染物环境容量
酸雨型污染	SO_2、NO_2	基于单一环境问题约束的多污染物环境容量	硫沉降临界负荷约束下的各污染物环境容量
复合型污染	$PM_{2.5}$、O_3、PM_{10} 等指标同时达标	基于多重环境问题同时约束的多污染物环境容量	多指标同时达标下，SO_2、NO_x、PM、VOCs 及 NH_3 等多污染物环境容量

3.1.1　规划环境容量

本书所指的大气环境容量是指在一定时段、一定空间范围内，大气环境在保障自然功能、人类健康不受损害的前提下，所能容纳的由人类活动产生的大气污染物排放量（表 3-2）。

表 3-2　大气环境容量类型

类型	基本假设	影响因素	适用性
规划环境容量	特定环境目标、特定污染布局、特定气象条件下，特定目标减排最优方案或最大允许排放量	自然条件主要包括气象条件、地形地貌等，污染源特征包括污染排放布局、污染物构成等	反映排放源特征、大气物理化学转化过程；面向环境管理、污染控制、未来规划调控等
大气自净容量	将大气环境作为一个开放、动态的空间，从污染物的生成转化、消散过程量化大气对污染物的清除能力	气象条件如风、温度、湿度、降水、边界层高度等及下垫面类型	可以小时分辨率量化污染过程的容量变化，实现物理化学过程精细刻画

规划环境容量是指在给定自然（气象）条件和污染源特征下，以一定的环境空气质量标准或特定控制目标为约束，在特定时间和区域内大气环境可容纳的污染物最大排放量。大气环境容量的大小，除了与环境标准值和环境背景值有关外，还与环境对污染物的净化能力等自然因素及人为因素有关，如环境空间的大小、污染源排放特征、气象条件、地形地貌及污染物的理化特性等。规划环境容量一般把城市和区域作为一个整体，用于表

征规划目标下可容纳的污染物排放量，其重要的假设是整个研究对象区域的排放格局没有大的变化。

环境空气质量标准或特定控制目标是规划环境容量的约束条件。考虑到环境管理要求和目标可达性，空气质量目标可设置为长期目标和短期目标。长期目标可以是某种或者几种污染指标年均浓度达标，短期目标可以是消除某个时段的重污染天或者严重污染天等。早期，针对煤烟型污染，多以 SO_2、NO_2、PM_{10} 浓度达标为目标，采用空气质量模型+线性优化算法进行核算。针对 $PM_{2.5}$ 复合型污染，薛文博等开发了基于第三代空气质量模型的多污染物大气环境容量迭代算法[6]。该方法统筹考虑了 $PM_{2.5}$ 的区域传输、行业耦合以及前体物非线性协同等作用，所核算出的环境容量本质是"空气质量达标约束下的各地区、各行业、各污染物的最大允许排放量或最佳削减方案"。本书将以规划环境容量方法，核算以 $PM_{2.5}$ 年均浓度达标为约束的年度大气环境容量。

3.1.2　以 $PM_{2.5}$ 年均浓度达标为约束的年大气环境容量

以 $PM_{2.5}$ 年均浓度达标为约束的多污染物环境容量本质是各空间大气污染物的最大允许排放量，核心技术是多种污染物排放量在空间和污染物指标层面的多要素最优化问题。此外，气象条件也是影响 $PM_{2.5}$ 污染程度的因素之一，气象条件变化可能导致不同年份、不同季节的大气环境容量存在较大差异。建立了一种综合考虑气象、空间、前体物三维因素的大气多污染物环境容量计算方法，理论体系更加合理。采用 WRF 气象模型模拟气象场，采用 SMOKE 模型实现清单网格化，以第三代空气质量模型 CMAQ 为基础，通过分段线性迭代算法，建立"多污染物大气环境容量迭代模型"，以此计算不同气象条件下，满足各种空气质量目标的区域大气环境容量。该模型充分考虑了污染物物理输送和化学转化过程。

3.1.2.1　基于三维优化的大气环境容量核算方法

$PM_{2.5}$ 中各化学组分的跨区域输送特征存在显著差异，$PM_{2.5}$ 达标约束下的多污染物环境容量本质是各空间、行业大气污染物的最大允许排放量，核心技术是多种污染物排放量在空间和行业的多目标最优化问题。因此，如何提供一种能够从空间、行业、前体物三维对大气多污染物环境容量进行计算的方法，成为大气环境科学领域亟待解决的技术问题。为解决上述技术问题，本书研究并建立了一种空间、行业、前体物三维迭代优化的大气多污染物环境容量核算方法，该方法可以更加科学、合理、精细地将污染源的地区差异、行业差异以及前体物特征等引入环境容量核算模型，统筹考虑了 $PM_{2.5}$ 的区域传输、行业耦合以及多污染物协同作用，理论体系更加合理，结果更加可信，可以测算区域、省、市、区县等多尺度的大气环境容量，可更加科学地指导大气环境治理。

环境容量核定技术路线：利用空气质量模型系统，模拟基准情景下研究区域 $PM_{2.5}$ 及关键组分平均浓度，以空间、行业、前体物三个维度贡献率为削减权重系数，制定各空间单元、各行业、各污染物的迭代削减方案，创建新的多污染物排放清单，利用空气质量模型迭代计算，结合空间传输影响和前体物贡献。在此基础上，建立新的削减方案，模拟新削减方案下 $PM_{2.5}$ 年均浓度。按此方法迭代计算，直到 $PM_{2.5}$ 年均浓度（包括所有国控站点和省控站点）达标，得到 SO_2、NO_x、颗粒物等环境容量。

（1）空间迭代动态优化

基于环境容量三维迭代模型，通过溯源追踪技术，解析区域内 $PM_{2.5}$ 的空间来源，确定周边地区对受体点 $PM_{2.5}$ 的污染贡献，分析不同地区排放与 $PM_{2.5}$ 浓度的耦合关系，计算污染源空间削减权重向量；采用贡献大的地区优先削减原则，对 $PM_{2.5}$ 平均浓度未达标的地区制定削减方案，迭代创建新的多污染物排放清单；以不同地区排放源对受体点贡献大小为权重，优化确定第 $n+1$ 次的空间削减方案，建立第 $n+1$ 次的多污染物排放清单；在此基础上，建立污染源动态空间削减权重向量。

$$
\begin{bmatrix}
\rho_{11} & \rho_{12} & \cdots & \rho_{1m} \\
\rho_{21} & \rho_{22} & \cdots & \rho_{2m} \\
\cdots & \cdots & \rho_{ij} & \cdots \\
\rho_{a1} & \rho_{a2} & \cdots & \rho_{am}
\end{bmatrix}
\tag{3-1}
$$

$$
\rho_{ij} = C_{ij} / C_i \tag{3-2}
$$

式中：ρ_{ij} —— 第 j 个空间对第 i 受体点 $PM_{2.5}$ 平均浓度贡献率，%；

　　　a —— 共有 a 个受体点；

　　　m —— 共有 m 个空间分类；

　　　C_{ij} —— 第 j 个空间对第 i 受体点的 $PM_{2.5}$ 平均浓度贡献值，$\mu g/m^3$；

　　　C_i —— 第 i 受体点 $PM_{2.5}$ 平均浓度值，$\mu g/m^3$。

根据第 j 个空间对区域所有受体点 $PM_{2.5}$ 浓度的贡献率，建立污染源空间削减权重向量 U，其表达式为

$$
U = (U_1, U_2, U_3, \cdots, U_j) \tag{3-3}
$$

式中：U_j —— 第 j 个空间对区域所有受体点 $PM_{2.5}$ 平均浓度的贡献率，%。

（2）行业迭代动态优化

基于环境容量三维迭代模型，通过溯源追踪技术，解析研究区域内重点行业对 $PM_{2.5}$ 的贡献，分析不同行业排放与 $PM_{2.5}$ 平均浓度的关联，计算污染源行业削减权重向量；采

用贡献大的行业优先削减原则，制定重点行业污染物削减方案，迭代创建新的多污染物排放清单；以不同行业对受体点贡献大小为权重，优化确定第 $n+1$ 次的行业削减方案，建立第 $n+1$ 次的多污染物排放清单；在此基础上，建立动态行业削减权重向量。

$$\begin{bmatrix} \gamma_{11} & \gamma_{12} & \cdots & \gamma_{1n} \\ \gamma_{21} & \gamma_{22} & \cdots & \gamma_{2n} \\ \cdots & \cdots & \gamma_{ij} & \cdots \\ \gamma_{a1} & \gamma_{a2} & \cdots & \gamma_{an} \end{bmatrix} \tag{3-4}$$

$$\gamma_{ij} = C_{ij} / C_i \tag{3-5}$$

式中：γ_{ij} —— 第 j 个行业对第 i 受体点 $PM_{2.5}$ 平均浓度贡献的权重值，%；

n —— 共有 n 个行业源分类；

a —— 共有 a 个受体点；

C_{ij} —— 第 j 个行业对第 i 受体点的 $PM_{2.5}$ 平均浓度贡献值，$\mu g/m^3$；

C_i —— 第 i 受体点 $PM_{2.5}$ 平均浓度值，$\mu g/m^3$。

根据第 j 个行业对区域所有受体点 $PM_{2.5}$ 平均浓度的贡献率，建立污染源行业削减权重向量 V，其表达式为

$$V = (V_1, V_2, V_3, \cdots, V_j) \tag{3-6}$$

式中：V_j —— 第 j 个行业对区域所有受体点 $PM_{2.5}$ 平均浓度的贡献率，%。

（3）前体物迭代动态优化

基于环境容量三维迭代模型，识别研究区域 $PM_{2.5}$ 组分中硫酸盐、硝酸盐、铵盐、一次 $PM_{2.5}$ 所占比例，解析 SO_2、NO_x、一次 $PM_{2.5}$、NH_3 等前体物对 $PM_{2.5}$ 的污染贡献，分析大气污染物排放与 $PM_{2.5}$ 的响应关系，计算前体物削减权重向量；采用贡献大的前体物优先削减原则，制定不同污染物削减方案，迭代创建新的多污染物排放清单；以不同前体物对受体点贡献大小为权重，优化确定第 $n+1$ 次的前体物削减方案，建立第 $n+1$ 次的多污染物排放清单；在此基础上，建立动态前体物削减权重向量。

$$\begin{bmatrix} \lambda_{11} & \lambda_{12} & \cdots & \lambda_{1t} \\ \lambda_{21} & \lambda_{22} & \cdots & \lambda_{2t} \\ \cdots & \cdots & \lambda_{ij} & \cdots \\ \lambda_{a1} & \lambda_{a2} & \cdots & \lambda_{mt} \end{bmatrix} \tag{3-7}$$

$$\lambda_{ij} = C_{ij} / C_i \tag{3-8}$$

式中：λ_{ij} —— 第 j 种大气污染物对第 i 受体点 PM$_{2.5}$ 平均浓度贡献率，%；

$\quad\quad t$ —— 共有 t 种前体物；

$\quad\quad m$ —— 共有 m 个受体点；

$\quad\quad C_{ij}$ —— 第 j 种大气污染物对第 i 受体点的 PM$_{2.5}$ 平均浓度贡献值，μg/m³；

$\quad\quad C_i$ —— 第 i 受体点 PM$_{2.5}$ 平均浓度值，μg/m³。

根据第 j 种大气污染物对区域所有受体点 PM$_{2.5}$ 平均浓度的贡献率，建立前体物削减权重向量 W，其表达式为

$$W = (W_1, W_2, W_3, \cdots, W_j) \tag{3-9}$$

式中：W_j —— 第 j 种大气污染物对区域所有受体点 PM$_{2.5}$ 平均浓度的贡献率，%。

（4）环境容量核算

基于空间、行业和前体物的削减权重向量 U、V、W，采用多目标非线性优化法（图 3-1），以受体点 PM$_{2.5}$ 浓度达标为约束，以各空间、各行业、各种污染物排放量最大为目标，计算最大允许排放量，最终得到各地区 SO$_2$、NO$_x$、一次 PM$_{2.5}$、NH$_3$、VOCs 等大气污染物的环境容量，其表达式为

$$\max z = \sum_{i=1,\ j=1,\ k=1} q_{ijk} \tag{3-10}$$

$$\theta_{ijk} = f(\mathrm{Me}, q, \mathrm{etc}) \tag{3-11}$$

约束方程为

$$\sum_{i=1,\ j=1,\ k=1} \theta_{ijk} C_l \leqslant S_{\mathrm{PM}_{2.5}} \tag{3-12}$$

式中：q_{ijk} —— 第 i 个空间、j 个行业、k 个前体物的最大允许排放量，t；

$\quad\quad \mathrm{Me}$ —— 气象条件；

$\quad\quad q$ —— 每次迭代计算中的排放清单；

$\quad\quad \mathrm{etc}$ —— 物理、化学等影响因素；

$\quad\quad \theta_{ijk}$ —— 第 i 个空间、j 个行业、k 个前体物对第 l 个受体点的 PM$_{2.5}$ 平均浓度的贡献率，%；

$\quad\quad C_l$ —— 第 l 个受体点的 PM$_{2.5}$ 平均浓度，μg/m³；

$\quad\quad S_{\mathrm{PM}_{2.5}}$ —— 环境空气质量标准中 PM$_{2.5}$ 的二级浓度限值，μg/m³。

```
        ┌──────────┐              ┌──────────────┐
        │  气象模型  │              │  污染源排放清单  │◀────────────┐
        └────┬─────┘              └──────┬───────┘             │
             │                            │                     │
             └────────────┬───────────────┘                    │
┌──────────┐       ┌──────────────────────────┐                │
│ 源分类与   │       │ 建立 PM₂.₅ 达标约束下的多污染物环境容量 │                │
│ 受体点选择 │──────▶│        迭代计算模型          │                │
└──────────┘       └──────────────┬───────────┘                │
                                   │                            │
        ┌──────────────┬───────────┼───────────┬──────────────┐ │
        ▼              ▼                       ▼              │
  ┌──────────┐   ┌──────────┐           ┌──────────┐         不
  │ 空间传输影响 │   │  行业贡献  │           │  前体物贡献 │         达
  └────┬─────┘   └────┬─────┘           └────┬─────┘         标
       ▼              ▼                       ▼               │
  ┌──────────┐   ┌──────────┐           ┌────────────┐        │
  │空间削减权重向量│   │行业削减权重向量│           │前体物削减权重向量│        │
  └────┬─────┘   └────┬─────┘           └────┬───────┘        │
       └──────────────┼────────────────────┘                 │
                      ▼                                       │
              ┌──────────────┐        ┌──────────────┐        │
              │ 多目标非线性优化 │◀───────│ PM₂.₅ 浓度达标判别 │────────┘
              └──────┬───────┘        └──────────────┘
                     │ 达标
                     ▼
              ┌──────────────┐
              │ 大气多污染物环境容量 │
              └──────────────┘
```

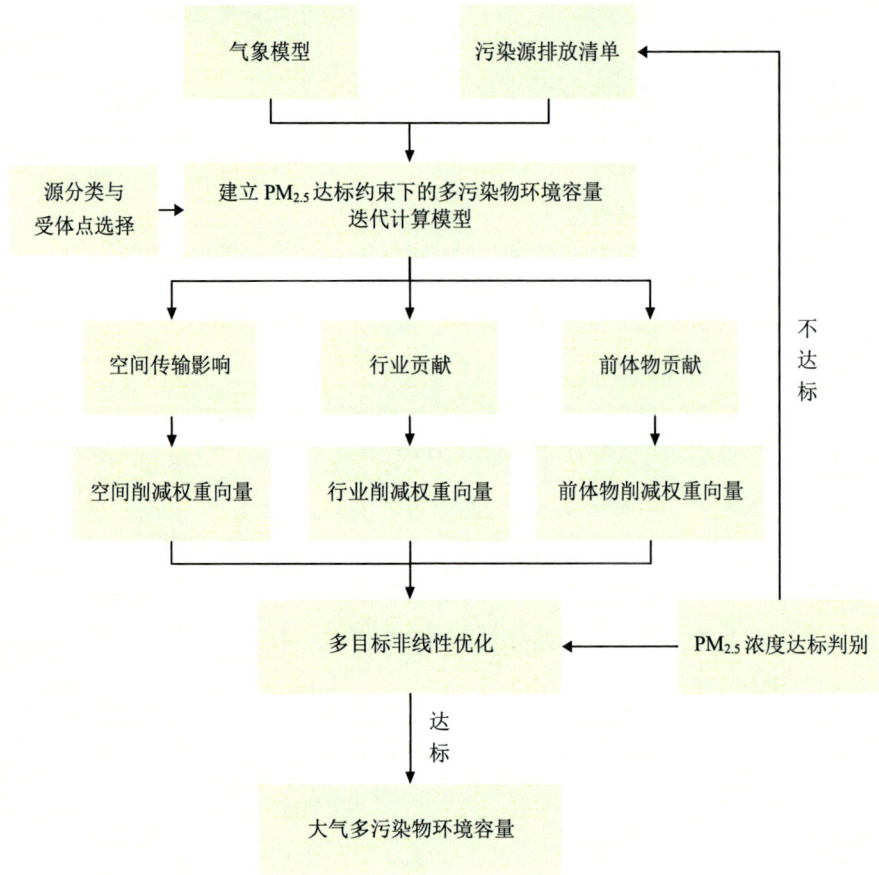

图 3-1　基于三维优化的环境容量核定技术路线

3.1.2.2　气象变化对 PM₂.₅ 浓度的影响

基于 20 年（2000—2019 年）FNL 全球分析资料、地面气象观测数据等，在此基础上，利用 WRF 气象模型，模拟 20 年的气象场。利用 CMAQ 空气质量模型，采用"固定排放清单，改变气象场"的方法，模拟分析 20 年气象条件对汾河平原城市 PM₂.₅ 年均浓度以及环境容量的影响。从区域平均来看，以年为单位的气象条件 PM₂.₅ 浓度波动较小，在 -4.3%～4.8% 之间变化；而汾河平原内不同城市的年际波动趋势存在区别，范围在 -6.4%～6.0%。根据气象条件对 PM₂.₅ 浓度的定量影响，筛选出典型气象年为 2003 年、最不利气象年为 2007 年、最有利气象年为 2016 年（图 3-2、图 3-3）。

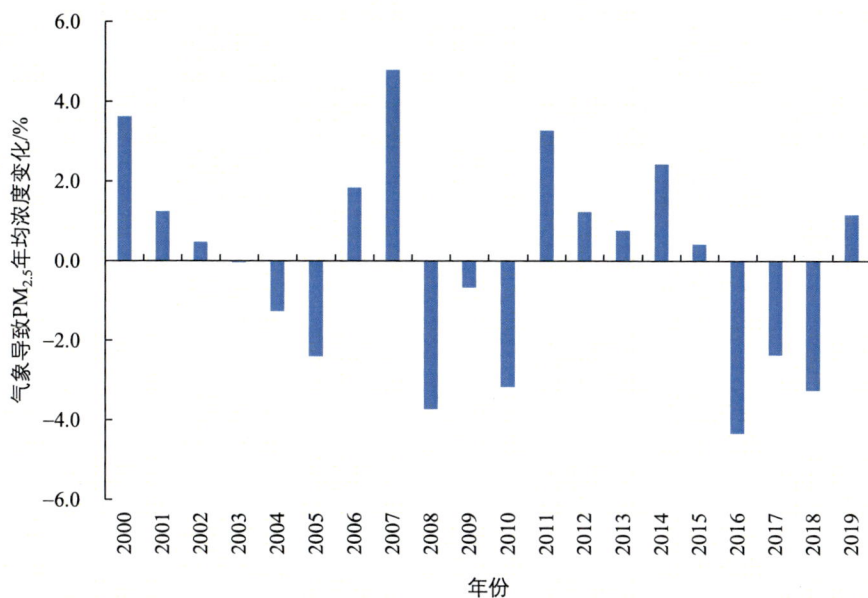

图 3-2　2000—2019 年气象条件变化对汾河平原 $PM_{2.5}$ 的影响

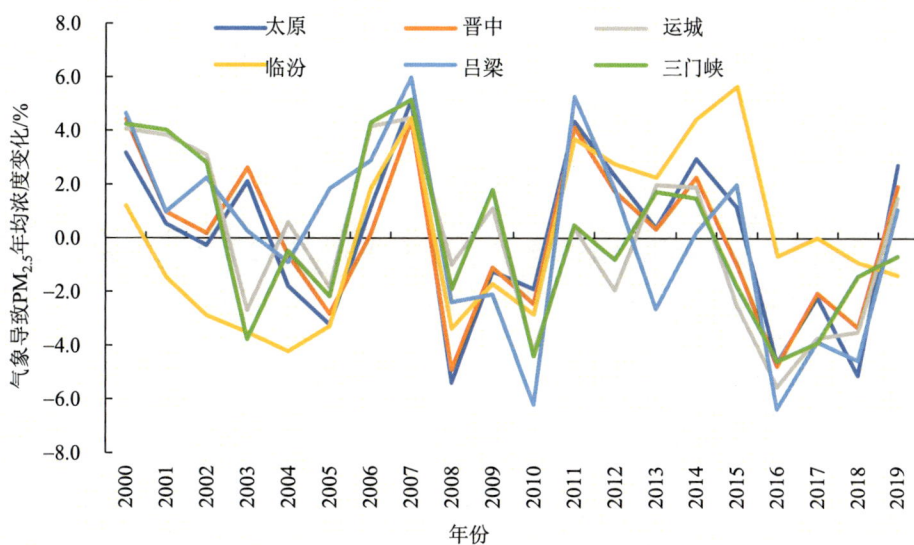

图 3-3　2000—2019 年气象条件变化对城市 $PM_{2.5}$ 的影响

3.1.2.3　大气环境容量测算结果

以汾河平原 6 个城市各区县 $PM_{2.5}$ 年均浓度均达标为约束目标,核算典型气象年(2003 年)、最不利气象年(2007 年)、最有利气象年(2016 年)6 个城市各区县 SO_2、NO_x、一次 $PM_{2.5}$、$VOCs$、NH_3 的年度环境容量。

在不同的气象条件下，大气环境所能容纳的污染物排放量存在差异。由于气象条件对汾河平原区域 $PM_{2.5}$ 浓度年际波动的影响大致在 5% 左右这一量级，区域年大气容量的年际波动也相对较小。在典型气象年，汾河平原整个区域的 SO_2、NO_x、NH_3、一次 $PM_{2.5}$ 及 VOCs 的年度环境容量分别为 17.0 万 t、23.3 万 t、10.3 万 t、15.7 万 t 和 23.6 万 t。太原—晋中—临汾—运城等汾河沿线的风场辐合带向山前平原输送和汇聚的形势，导致大气污染物的容纳量降低，太原、运城、临汾等城市的大气环境容量较小，位于区域东北部的吕梁，大气扩散条件较好，大气环境容量相对较大，除吕梁外，其他 5 个城市目前排放量和排放强度均远超过环境容量，虽然晋中、运城、三门峡等 3 个城市环境容量相比区域平均水平较大，但其排放量远超环境容量，因此 $PM_{2.5}$ 污染十分严重。

从典型气象年环境容量来看，SO_2 环境容量较大的区县有运城的河津市、芮城县，三门峡陕州区，其环境容量均超过 1 万 t/a，临汾永和县，太原迎泽区、晋源区 SO_2 环境容量较小，低于 200 t/a；NO_x 环境容量大于 1 万 t/a 的区县有太原清徐县、尖草坪区，运城河津市，吕梁孝义市，三门峡陕州区，临汾尧都区；一次 $PM_{2.5}$ 环境容量高值区主要集中在吕梁孝义市和交口县、临汾襄汾县、三门峡陕州区、渑池县等区县，高于 5 000 t/a，低值区主要分布在临汾永和县、大宁县，运城夏县、平陆县，太原迎泽区，吕梁石楼县等区县，低于 500 t/a；NH_3 环境容量高值区县有运城稷山县、临猗县等，而三门峡义马市等区县 NH_3 环境容量相对较小；VOCs 环境容量高值区主要集中在运城等，低值区集中在吕梁等市。不同污染物的环境容量见表 3-3～表 3-8。

表 3-3　典型气象年（2003 年）分区县环境容量　　　　单位：t

城市	区县	SO_2	NO_x	NH_3	一次 $PM_{2.5}$	VOCs
太原	小店区	851	7 409	811	879	1 201
太原	迎泽区	184	3 790	117	478	802
太原	杏花岭区	1 169	4 029	151	539	1 715
太原	尖草坪区	5 318	11 661	921	2 841	6 464
太原	万柏林区	760	6 723	258	1 027	1 768
太原	晋源区	193	1 956	288	521	376
太原	清徐县	4 840	13 186	1 543	4 050	13 807
太原	阳曲县	2 215	2 478	1 402	1 087	1 668
太原	娄烦县	1 477	1 277	488	802	1 371
太原	古交市	1 824	3 280	1 445	2 013	2 618
晋中	榆次区	2 001	3 438	1 767	2 019	1 824

城市	区县	SO₂	NOₓ	NH₃	一次 PM₂.₅	VOCs
晋中	榆社县	352	1 135	513	936	1 088
晋中	左权县	3 625	4 492	626	1 383	708
晋中	和顺县	372	993	280	878	1 831
晋中	昔阳县	471	1 088	658	883	1 010
晋中	寿阳县	466	1 986	431	1 105	2 072
晋中	太谷区	390	1 387	1 734	1 286	1 287
晋中	祁县	459	1 085	1 072	838	1 612
晋中	平遥县	469	2 262	1 171	1 961	2 403
晋中	灵石县	917	2 806	453	2 307	5 369
晋中	介休市	1 189	3 734	1 013	1 434	9 668
运城	盐湖区	353	2 310	1 252	697	1 928
运城	永济市	304	1 622	1 600	3 723	1 070
运城	河津市	14 488	12 058	2 514	2 806	21 982
运城	绛县	347	1 540	1 087	616	1 175
运城	夏县	205	1 122	1 165	340	961
运城	新绛县	2 556	4 762	4 008	1 445	8 397
运城	稷山县	1 479	2 625	9 736	637	4 892
运城	芮城县	19 437	7 544	1 766	1 747	1 865
运城	临猗县	875	2 355	7 176	945	3 830
运城	万荣县	249	2 037	1 522	548	2 795
运城	闻喜县	6 918	5 191	4 045	2 918	3 653
运城	垣曲县	385	1 393	748	579	2 420
运城	平陆县	238	2 414	721	483	1 657
临汾	安泽县	1 321	1 098	1 065	1 217	4 781
临汾	大宁县	244	294	492	424	721
临汾	汾西县	695	390	1 197	1 282	376
临汾	浮山县	859	722	1 097	960	428
临汾	古县	684	467	537	1 982	3 181
临汾	洪洞县	1 223	1 527	1 638	1 232	5 917
临汾	侯马市	926	893	684	961	2 234
临汾	霍州市	1 198	1 400	495	1 207	606

城市	区县	SO$_2$	NO$_x$	NH$_3$	一次 PM$_{2.5}$	VOCs
临汾	吉县	374	310	1 152	699	328
临汾	蒲县	1 163	731	1 246	817	545
临汾	曲沃县	1 758	2 477	1 591	4 952	4 053
临汾	隰县	688	399	2 149	2 013	458
临汾	乡宁县	1 387	1 307	1 659	1 230	3 132
临汾	襄汾县	3 640	4 140	2 178	5 850	10 806
临汾	尧都区	1 605	10 310	3 006	2 286	3 286
临汾	翼城县	1 075	1 049	2 062	734	627
临汾	永和县	63	168	634	238	260
吕梁	离石区	3 162	6 577	1 052	2 267	5 811
吕梁	文水县	4 080	3 314	3 719	2 361	3 016
吕梁	交城县	1 977	4 528	2 067	2 049	8 910
吕梁	兴县	5 100	1 677	1 852	2 627	990
吕梁	临县	3 512	2 884	1 618	1 757	1 703
吕梁	柳林县	7 299	4 309	1 457	4 239	3 884
吕梁	石楼县	607	878	718	495	208
吕梁	岚县	5 801	4 348	961	1 755	2 398
吕梁	方山县	2 305	1 561	1 248	1 166	1 651
吕梁	中阳县	5 930	6 110	767	2 081	4 984
吕梁	交口县	3 765	3 577	722	5 133	4 524
吕梁	孝义市	9 398	11 516	1 607	6 438	19 503
吕梁	汾阳市	3 565	3 396	1 822	1 624	5 872
三门峡	湖滨区	534	1 211	875	4 029	1 319
三门峡	义马市	1 966	2 345	139	759	1 486
三门峡	灵宝市	621	1 610	1 634	4 966	1 560
三门峡	渑池县	3 126	5 664	1 678	8 114	3 838
三门峡	陕州区	10 523	11 437	798	27 567	4 279
三门峡	卢氏县	453	988	994	2 738	1 043

表 3-4　最有利气象年（2016 年）分区县环境容量　　　　　　单位：t

城市	区县	SO$_2$	NO$_x$	NH$_3$	一次 PM$_{2.5}$	VOCs
太原	小店区	946	8 701	990	1 036	1 516
太原	迎泽区	197	4 204	121	599	948
太原	杏花岭区	1 436	4 899	170	591	2 149
太原	尖草坪区	5 788	13 461	1 030	3 286	7 219
太原	万柏林区	790	8 490	296	1 133	1 972
太原	晋源区	237	2 158	309	608	476
太原	清徐县	5 611	16 136	1 611	4 327	15 960
太原	阳曲县	2 719	2 806	1 770	1 303	2 094
太原	娄烦县	1 817	1 362	610	895	1 700
太原	古交市	2 106	3 979	1 550	2 337	3 283
晋中	榆次区	2 427	4 249	1 999	2 235	2 032
晋中	榆社县	407	1 344	574	1 002	1 361
晋中	左权县	3 904	5 166	685	1 471	752
晋中	和顺县	414	1 068	333	931	2 149
晋中	昔阳县	553	1 158	796	943	1 160
晋中	寿阳县	572	2 149	508	1 284	2 239
晋中	太谷区	443	1 580	1 924	1 445	1 448
晋中	祁县	545	1 360	1 270	914	1 721
晋中	平遥县	563	2 637	1 373	2 203	2 895
晋中	灵石县	982	2 998	517	2 807	6 648
晋中	介休市	1 420	4 397	1 102	1 755	11 965
运城	盐湖区	435	2 638	1 371	870	2 031
运城	永济市	384	2 016	1 750	3 860	1 197
运城	河津市	16 160	14 370	3 003	3 492	23 214
运城	绛县	390	1 859	1 175	679	1 234
运城	夏县	252	1 177	1 346	399	1 000
运城	新绛县	3 052	5 825	4 421	1 735	10 334
运城	稷山县	1 736	2 890	10 238	763	5 641
运城	芮城县	23 303	8 989	1 939	1 904	2 011
运城	临猗县	1 034	2 469	8 012	1 154	4 613

城市	区县	SO_2	NO_x	NH_3	一次 $PM_{2.5}$	VOCs
运城	万荣县	294	2 535	1 689	624	2 925
运城	闻喜县	8 164	6 363	4 618	3 494	4 523
运城	垣曲县	458	1 533	838	643	2 595
运城	平陆县	251	2 723	863	534	1 897
临汾	安泽县	1 666	1 161	1 165	1 354	5 750
临汾	大宁县	303	364	619	496	826
临汾	汾西县	863	411	1 272	1 449	447
临汾	浮山县	1 007	907	1 238	1 196	447
临汾	古县	760	539	576	2 111	3 603
临汾	洪洞县	1 273	1 717	1 866	1 370	6 334
临汾	侯马市	1 012	1 059	766	1 176	2 447
临汾	霍州市	1 338	1 556	526	1 383	633
临汾	吉县	422	370	1 444	882	365
临汾	蒲县	1 370	813	1 464	937	648
临汾	曲沃县	1 969	2 593	1 830	5 684	4 290
临汾	隰县	764	491	2 629	2 389	487
临汾	乡宁县	1 725	1 633	1 952	1 331	3 915
临汾	襄汾县	4 318	5 218	2 386	6 693	11 396
临汾	尧都区	1 972	11 522	3 318	2 700	4 022
临汾	翼城县	1 245	1 134	2 335	761	672
临汾	永和县	70	178	793	270	322
吕梁	离石区	3 537	7 310	1 288	2 607	6 696
吕梁	文水县	4 900	4 167	4 074	2 478	3 782
吕梁	交城县	2 046	5 699	2 612	2 245	10 849
吕梁	兴县	5 902	1 863	2 325	3 010	1 029
吕梁	临县	4 244	3 490	1 823	1 983	1 824
吕梁	柳林县	8 087	4 871	1 604	5 263	4 384
吕梁	石楼县	662	941	837	564	241
吕梁	岚县	6 421	4 717	1 060	2 099	2 897
吕梁	方山县	2 615	1 909	1 540	1 253	1 843
吕梁	中阳县	6 544	7 356	926	2 182	5 753

城市	区县	SO$_2$	NO$_x$	NH$_3$	一次 PM$_{2.5}$	VOCs
吕梁	交口县	4 507	4 513	833	6 195	5 564
吕梁	孝义市	11 549	14 365	1 964	8 009	21 870
吕梁	汾阳市	4 185	4 039	2 267	1 972	6 139
三门峡	湖滨区	642	1 504	958	4 464	1 552
三门峡	义马市	2 343	2 852	161	896	1 798
三门峡	灵宝市	785	1 695	1 926	6 060	1 714
三门峡	渑池县	3 858	6 468	2 023	8 595	4 198
三门峡	陕州区	12 225	13 227	946	29 420	4 769
三门峡	卢氏县	511	1 124	1 029	2 858	1 144

表 3-5　最不利气象年（2007 年）分区县环境容量　　　　　　单位：t

城市	区县	SO$_2$	NO$_x$	NH$_3$	一次 PM$_{2.5}$	VOCs
太原	小店区	773	6 435	744	822	999
太原	迎泽区	144	2 975	93	380	723
太原	杏花岭区	951	3 209	132	493	1 367
太原	尖草坪区	4 251	9 105	856	2 254	5 694
太原	万柏林区	613	5 372	203	909	1 615
太原	晋源区	178	1 781	265	411	304
太原	清徐县	4 316	10 278	1 240	3 446	10 704
太原	阳曲县	1 936	2 135	1 117	986	1 445
太原	娄烦县	1 259	980	422	653	1 130
太原	古交市	1 640	2 616	1 211	1 664	2 386
晋中	榆次区	1 806	2 788	1 623	1 706	1 697
晋中	榆社县	274	1 026	451	717	1 008
晋中	左权县	3 356	4 055	539	1 259	556
晋中	和顺县	292	829	249	765	1 531
晋中	昔阳县	383	989	556	782	939
晋中	寿阳县	418	1 687	378	927	1 727
晋中	太谷区	335	1 182	1 570	1 146	996
晋中	祁县	388	883	882	764	1 473
晋中	平遥县	428	1 979	1 074	1 778	1 862

城市	区县	SO_2	NO_x	NH_3	一次 $PM_{2.5}$	VOCs
晋中	灵石县	718	2 229	417	1 961	4 340
晋中	介休市	1 022	3 266	870	1 173	8 104
运城	盐湖区	294	1 872	1 092	558	1 583
运城	永济市	234	1 429	1 302	3 349	906
运城	河津市	11 567	9 342	2 179	2 400	19 237
运城	绛县	274	1 382	981	514	952
运城	夏县	163	896	1 029	260	747
运城	新绛县	2 176	4 435	3 661	1 322	7 590
运城	稷山县	1 288	2 201	8 019	528	3 998
运城	芮城县	16 110	6 703	1 453	1 440	1 589
运城	临猗县	741	1 920	6 592	799	3 191
运城	万荣县	196	1 748	1 176	447	2 361
运城	闻喜县	5 883	4 348	3 470	2 637	2 909
运城	垣曲县	359	1 121	684	455	2 018
运城	平陆县	211	1 977	605	444	1 401
临汾	安泽县	1 198	866	889	1 113	4 281
临汾	大宁县	194	254	415	357	560
临汾	汾西县	642	306	1 002	1 060	342
临汾	浮山县	738	625	946	772	394
临汾	古县	531	384	418	1 623	2 625
临汾	洪洞县	967	1 232	1 488	961	5 181
临汾	侯马市	783	720	631	757	1 742
临汾	霍州市	990	1 116	391	1 059	531
临汾	吉县	328	273	937	597	281
临汾	蒲县	981	664	1 142	730	475
临汾	曲沃县	1 634	2 252	1 302	4 006	3 539
临汾	隰县	542	351	1 710	1 617	368
临汾	乡宁县	1 218	1 097	1 290	1 058	2 424
临汾	襄汾县	3 392	3 626	1 971	5 301	9 393
临汾	尧都区	1 374	8 587	2 523	1 986	3 016
临汾	翼城县	929	864	1 892	648	565

城市	区县	SO$_2$	NO$_x$	NH$_3$	一次 PM$_{2.5}$	VOCs
临汾	永和县	58	150	499	194	222
吕梁	离石区	2 561	5 171	815	1 880	5 184
吕梁	文水县	3 718	2 842	3 457	2 118	2 340
吕梁	交城县	1 805	3 707	1 582	1 835	7 981
吕梁	兴县	4 541	1 307	1 723	2 099	881
吕梁	临县	3 011	2 240	1 499	1 442	1 546
吕梁	柳林县	6 814	3 899	1 290	3 440	3 235
吕梁	石楼县	493	712	597	432	188
吕梁	岚县	4 812	3 555	810	1 427	2 131
吕梁	方山县	2 154	1 252	994	1 062	1 464
吕梁	中阳县	4 928	5 013	590	1 749	4 005
吕梁	交口县	3 248	3 256	668	4 550	3 847
吕梁	孝义市	8 452	9 940	1 451	5 469	18 008
吕梁	汾阳市	3 163	2 611	1 451	1 252	5 102
三门峡	湖滨区	480	1 084	710	3 174	1 206
三门峡	义马市	1 718	2 022	129	641	1 153
三门峡	灵宝市	545	1 457	1 499	4 366	1 456
三门峡	渑池县	2 674	4 871	1 512	6 557	3 287
三门峡	陕州区	8 820	10 478	713	24 813	3 393
三门峡	卢氏县	374	887	890	2 461	866

表 3-6　典型气象年（2003 年）城市环境容量　　　　　　　　　　单位：万 t

城市	SO$_2$	NO$_x$	NH$_3$	一次 PM$_{2.5}$	VOCs
太原	1.9	5.6	0.7	1.4	3.2
晋中	1.1	2.4	1.0	1.5	2.9
运城	4.8	4.7	3.7	1.7	5.7
临汾	1.9	2.8	2.3	2.8	4.2
吕梁	5.7	5.5	2.0	3.4	6.3
三门峡	1.7	2.3	0.6	4.8	1.4
合计	17.0	23.3	10.3	15.7	23.6

表 3-7　最不利气象年（2007 年）城市环境容量　　　　　单位：万 t

城市	SO_2	NO_x	NH_3	一次 $PM_{2.5}$	VOCs
太原	1.6	4.5	0.6	1.2	2.6
晋中	0.9	2.1	0.9	1.3	2.4
运城	3.9	3.9	3.2	1.5	4.8
临汾	1.6	2.3	1.9	2.4	3.6
吕梁	5.0	4.6	1.7	2.9	5.6
三门峡	1.5	2.1	0.5	4.2	1.1
合计	14.6	19.5	8.9	13.5	20.2

表 3-8　最有利气象年（2016 年）城市环境容量　　　　　单位：万 t

城市	SO_2	NO_x	NH_3	一次 $PM_{2.5}$	VOCs
太原	2.2	6.6	0.8	1.6	3.7
晋中	1.2	2.8	1.1	1.7	3.4
运城	5.6	5.5	4.1	2.0	6.3
临汾	2.2	3.2	2.6	3.2	4.7
吕梁	6.5	6.5	2.3	4.0	7.3
三门峡	2.0	2.7	0.7	5.2	1.5
合计	19.7	27.3	11.7	17.8	27.0

3.1.3　大气环境容量超载评估

基于大气环境容量可以测算大气污染物超载情况。大气污染物超载率是指大气污染物实际排放量超过环境容量的量占大气污染物环境容量的比例。对于 SO_2、NO_x、一次 $PM_{2.5}$、NH_3 及 VOCs 单个大气污染物超载率的计算方法见式（3-13）。

$$\eta_i = \left(\frac{E_i}{Q_i} - 1 \right) \times 100 \tag{3-13}$$

式中，η_i —— i 种污染物的环境容量超载率，%；

　　　　i —— NO_x、PM_{10}、$PM_{2.5}$、NH_3 及 VOCs 污染物指标；

　　　　E_i —— 某年 i 种大气污染物实际排放量，t；

　　　　Q_i —— i 种大气污染物环境容量，t。

相较 2019 年大气污染物排放清单，汾河平原区域及 6 个城市大气污染物超载情况见表 3-9。结果表明，区域内大气污染物超载严重，一次 $PM_{2.5}$、VOCs 和 NO_x 等污染物超载情况相对更突出，超载率分别为 82.9%、46.6%、59.4%，是需要优先控制的污染物，SO_2 和 NH_3 超载相对较轻，分别约为 30.9%、35.2%。从城市尺度来看，对于一次 $PM_{2.5}$，晋中、运城超载率最大，超载率超过 100%，三门峡、临汾和吕梁次之，太原超载最小，约为 56.6%；对于 NO_x，晋中、运城 NO_x 超载率最大，超过 70%，太原 NO_x 超载最小，为 41.8% 左右。

表 3-9　典型气象年汾河平原大气污染物超载率（相较 2019 年大气污染物排放清单）

单位：%

城市	SO_2	NO_x	NH_3	一次 $PM_{2.5}$	VOC_s
太原	16.9	41.8	17.8	56.6	28.4
晋中	30.8	72.4	42.9	107.6	62.2
运城	37.4	75.4	45.3	100.6	59.3
临汾	30.7	63.8	25.4	79.0	43.2
吕梁	29.0	54.0	35.8	73.9	42.0
三门峡	34.8	57.5	26.9	86.5	37.5
区域平均	30.9	59.4	35.2	82.9	46.6

汾河平原 6 个城市各区县大气污染物超载情况如表 3-10 所示。对于一次 $PM_{2.5}$，超载严重区县包括晋中介休市、平遥县、祁县、太谷区、灵石县，吕梁文水县、汾阳市，临汾洪洞县，运城新绛县、稷山县等，超载率大于 100%；对于 NO_x，超载严重区县包括吕梁文水县、汾阳市，晋中太谷区、祁县、平遥县、介休市、灵石县，运城新绛县、河津市、稷山县，临汾洪洞县等，超载率大于 100%；对于 SO_2，超载严重区县包括晋中太谷区、寿阳县、祁县、平遥县、介休市、灵石县，吕梁汾阳市、孝义市、文水县，临汾霍州市、洪洞县、侯马市，运城河津市、新绛县、稷山县，超载率超过 50%；对于 VOCs，超载严重区县包括晋中太谷区、寿阳县、祁县、平遥县、介休市、灵石县，吕梁汾阳市、孝义市、文水县，临汾霍州市、洪洞县、尧都区、侯马市、曲沃县，运城盐湖区、河津市、新绛县、稷山县、万荣县、闻喜县、临猗县、平陆县，超载率超过 50%；对于 NH_3，超载严重区县包括晋中太谷区、寿阳县、祁县、平遥县、介休市、灵石县，吕梁汾阳市、文水县，临汾洪洞县，运城河津市、新绛县、稷山县，超载率超过 50%（图 3-4）。

表 3-10　典型气象年汾河平原分区县大气污染物超载率　　　单位：%

城市	区县	SO$_2$	NO$_x$	NH$_3$	PM$_{2.5}$	VOCs
太原	小店区	33.3	60.0	35.6	88.2	42.9
太原	迎泽区	23.8	48.6	29.7	74.8	35.4
太原	杏花岭区	28.6	54.3	32.7	81.5	39.2
太原	尖草坪区	26.2	51.4	31.2	78.2	37.3
太原	万柏林区	0.0	17.1	11.4	37.8	13.3
太原	晋源区	42.9	71.4	41.2	101.7	50.0
太原	清徐县	21.4	45.7	28.1	71.4	33.5
太原	阳曲县	0.0	8.6	5.8	27.7	6.7
太原	娄烦县	0.0	0.0	0.0	0.0	0.0
太原	古交市	0.0	2.5	0.0	7.6	0.0
晋中	榆次区	7.1	28.6	18.4	51.3	21.6
晋中	榆社县	10.6	14.3	9.6	34.5	11.1
晋中	左权县	2.4	22.9	15.0	44.5	17.5
晋中	和顺县	11.9	34.3	21.8	58.0	25.7
晋中	昔阳县	7.1	28.6	18.4	51.3	21.6
晋中	寿阳县	54.8	85.7	47.7	118.5	58.5
晋中	太谷区	78.6	114.3	59.6	152.1	74.4
晋中	祁县	81.0	117.1	60.7	155.5	75.9
晋中	平遥县	85.7	122.9	62.8	162.2	78.9
晋中	灵石县	66.7	100.0	53.8	135.3	66.7
晋中	介休市	88.1	125.7	63.9	165.5	80.4
运城	盐湖区	45.2	74.3	42.5	105.0	51.7
运城	永济市	26.2	51.4	31.2	78.2	37.3
运城	河津市	69.0	102.9	55.0	138.7	68.2
运城	绛县	21.4	45.7	28.1	71.4	33.5
运城	夏县	9.5	31.4	20.1	54.6	23.7
运城	新绛县	76.2	111.4	58.5	148.7	72.9
运城	稷山县	69.0	102.9	55.0	138.7	68.2

城市	区县	SO_2	NO_x	NH_3	$PM_{2.5}$	VOCs
运城	芮城县	2.4	22.9	15.0	44.5	17.5
运城	临猗县	45.2	74.3	42.5	105.0	51.7
运城	万荣县	52.4	82.9	46.5	115.1	56.9
运城	闻喜县	50.0	80.0	45.2	111.8	55.2
运城	垣曲县	0.0	17.1	11.4	37.8	13.3
运城	平陆县	47.6	77.1	43.9	108.4	53.5
临汾	安泽县	9.5	31.4	20.1	54.6	23.7
临汾	大宁县	0.0	0.0	0.0	0.8	0.0
临汾	汾西县	14.3	37.1	23.4	61.3	27.7
临汾	浮山县	0.0	20.0	13.2	41.2	15.4
临汾	古县	42.9	71.4	41.2	101.7	50.0
临汾	洪洞县	81.0	117.1	60.7	155.5	75.9
临汾	侯马市	57.1	88.6	49.0	121.8	60.2
临汾	霍州市	52.4	82.9	46.5	115.1	56.9
临汾	吉县	0.0	0.0	0.0	0.0	0.0
临汾	蒲县	0.0	0.0	0.0	0.8	0.0
临汾	曲沃县	47.6	77.1	43.9	108.4	53.5
临汾	隰县	0.0	0.0	0.0	0.0	0.0
临汾	乡宁县	0.0	0.0	0.0	7.6	0.0
临汾	襄汾县	35.7	62.9	37.0	91.6	44.7
临汾	尧都区	47.6	77.1	43.9	108.4	53.5
临汾	翼城县	21.4	45.7	28.1	71.4	33.5
临汾	永和县	0.0	0.0	0.0	7.6	0.0
吕梁	离石区	9.5	12.5	7.7	31.1	8.9
吕梁	文水县	83.3	120.0	61.8	158.8	77.4
吕梁	交城县	42.9	71.4	41.2	101.7	50.0
吕梁	兴县	16.7	40.0	25.0	64.7	29.6
吕梁	临县	40.5	68.6	39.8	98.3	48.2
吕梁	柳林县	16.7	40.0	25.0	64.7	29.6

城市	区县	SO$_2$	NO$_x$	NH$_3$	PM$_{2.5}$	VOCs
吕梁	石楼县	15.6	5.7	3.9	24.4	4.5
吕梁	岚县	16.7	40.0	25.0	64.7	29.6
吕梁	方山县	11.2	17.1	11.4	37.8	13.3
吕梁	中阳县	2.4	30.0	15.0	44.5	17.5
吕梁	交口县	0.0	0.0	0.0	0.0	0.0
吕梁	孝义市	52.4	82.9	46.5	115.1	56.9
吕梁	汾阳市	73.8	108.6	57.3	145.4	71.4
三门峡	湖滨区	31.0	57.1	34.1	84.9	41.0
三门峡	义马市	40.5	68.6	39.8	98.3	48.2
三门峡	灵宝市	23.8	48.6	29.7	74.8	35.4
三门峡	渑池县	11.9	34.3	21.8	58.0	25.7
三门峡	陕州区	42.9	71.4	41.2	101.7	50.0
三门峡	卢氏县	0.0	17.1	11.4	37.8	13.3

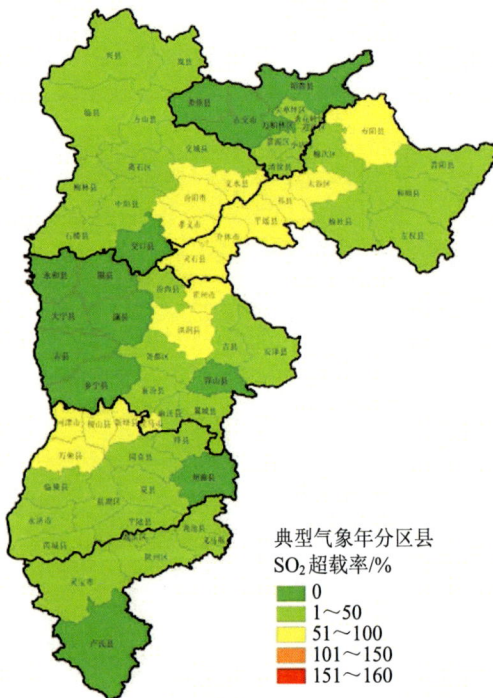

典型气象年分区县
SO$_2$超载率/%
- 0
- 1～50
- 51～100
- 101～150
- 151～160

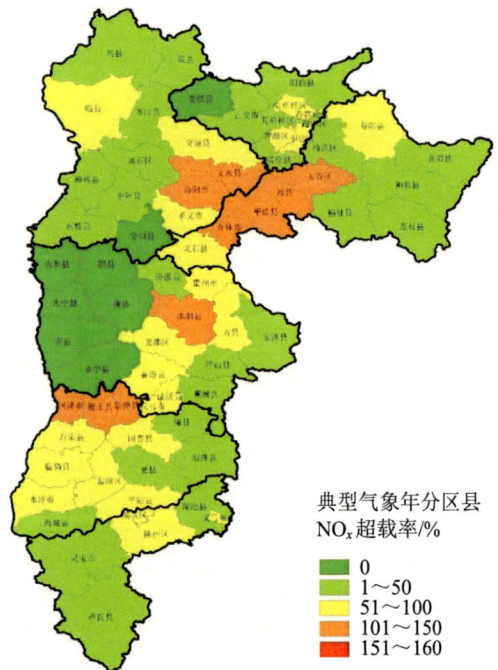

典型气象年分区县
NO$_x$超载率/%
- 0
- 1～50
- 51～100
- 101～150
- 151～160

（a）分区县 SO$_2$ 超载率分布　　　　（b）分区县 NO$_x$ 超载率分布

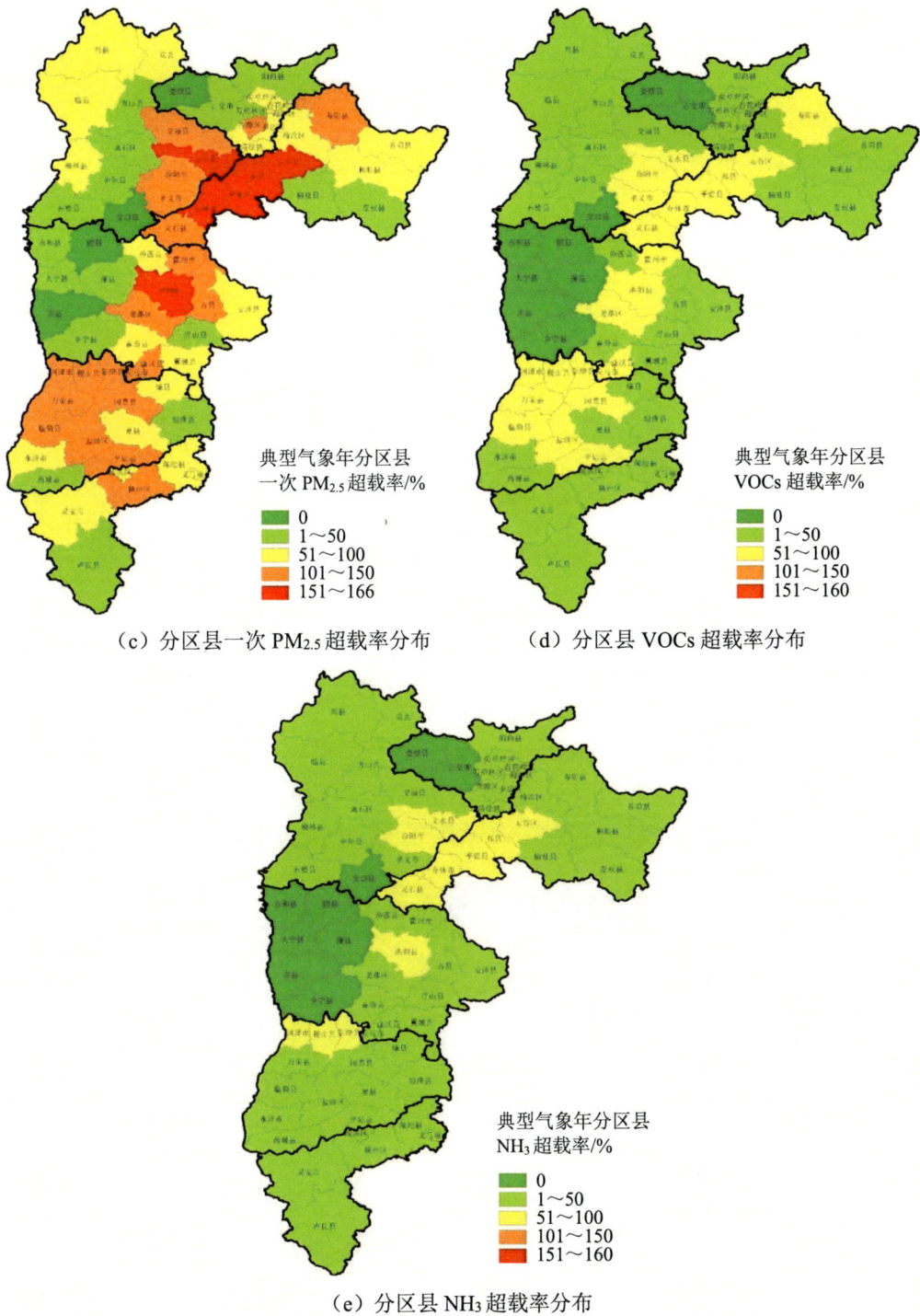

（c）分区县一次 PM_{2.5} 超载率分布

典型气象年分区县
一次 PM_{2.5} 超载率/%

- 0
- 1～50
- 51～100
- 101～150
- 151～166

（d）分区县 VOCs 超载率分布

典型气象年分区县
VOCs 超载率/%

- 0
- 1～50
- 51～100
- 101～150
- 151～160

（e）分区县 NH₃ 超载率分布

典型气象年分区县
NH₃ 超载率/%

- 0
- 1～50
- 51～100
- 101～150
- 151～160

图 3-4 分区县 SO₂、NO_x、PM_{2.5}、VOCs、NH₃ 超载率分布

3.2 中长期空气质量改善目标研究

3.2.1 基于 2035 年基本建成美丽中国的全国空气质量目标预期

3.2.1.1 全国 PM$_{2.5}$ 浓度均值预期

（1）国际对标分析

党的十九届五中全会提出，我国到 2035 年基本实现社会主义现代化，人均国内生产总值达到中等发达国家水平，经济总量或人均收入相对 2020 年翻一番，即人均 GDP 略高于 2 万美元，约为当前南欧及东欧部分国家的经济发展水平。这些国家当前 PM$_{2.5}$ 年均浓度为 15～30 μg/m³。主要发达经济体中，美国、西欧诸国和日本当前年均 PM$_{2.5}$ 浓度在 8～15 μg/m³，这些国家人均 GDP 达到 2 万美元时，年均浓度为 15～30 μg/m³。韩国自 2006 年人均 GDP 超过 2 万美元之后至今，其年均 PM$_{2.5}$ 浓度在 25 μg/m³ 附近上下波动（图 3-5）。

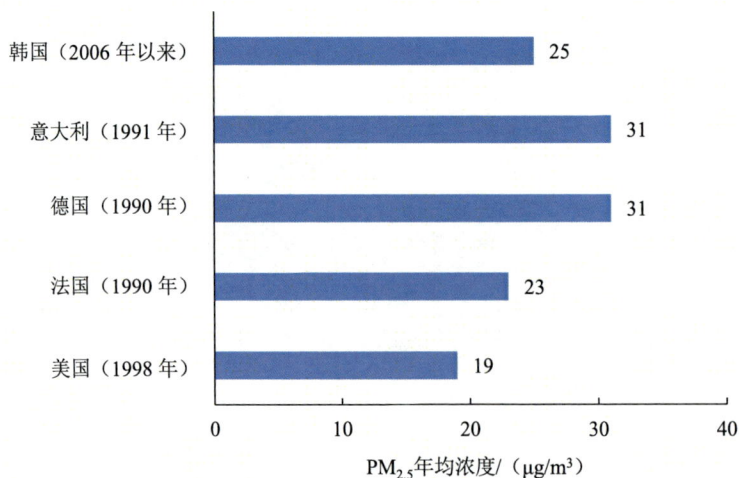

图 3-5 发达国家人均 GDP 为 2 万～2.2 万美元时 PM$_{2.5}$ 浓度

（2）发达国家和地区 PM$_{2.5}$ 改善历程

发达国家和地区的 PM$_{2.5}$ 污染状况较轻，在开展 PM$_{2.5}$ 监测时，PM$_{2.5}$ 年均浓度已基本下降至 30 μg/m³ 以下。从美国、日本等发达国家和地区 PM$_{2.5}$ 年均浓度变化情况来看，PM$_{2.5}$ 年均浓度在 30 μg/m³ 以下时，仍可保持年均 2%～4% 的持续下降（表 3-11）。

表 3-11 部分发达国家/地区 PM$_{2.5}$ 年均下降率

国家/地区/城市	时间阶段	起始年 PM$_{2.5}$ 年均浓度/($\mu g/m^3$)	PM$_{2.5}$ 年均浓度平均年下降率/%
美国	2000—2016 年	13.5	3.4
加利福尼亚南海岸	1999—2013 年	28.3	5.2
圣华金河谷	1999—2013 年	23.9	2.9
圣地亚哥	1999—2013 年	15.8	3.5
旧金山湾区	1999—2013 年	13.6	2.0
萨克拉门托河谷	1999—2013 年	15.8	3.8
洛杉矶市	1999—2016 年	25.7	4.3
日本（城市站）	2000—2010 年	23	3.9
	2011—2015 年	15.4	3.8
日本（路边站）	2000—2010 年	30	6.8
	2011—2015 年	16.1	3.5

（3）我国城市 PM$_{2.5}$ 浓度下降历程

随着《大气污染防治行动计划》《打赢蓝天保卫战三年行动计划》的颁布实施，我国空气质量改善进入了快速下降期。按 337 个地级及以上城市 2015 年 PM$_{2.5}$ 年均浓度超标情况，分类统计了 PM$_{2.5}$ 浓度年均降幅：2015 年 PM$_{2.5}$ 年均浓度达标的城市年均降幅平均为 4.2%；超标 20% 及以内的城市年均降幅平均为 5.5%；超标 20%～50%（含 50%）的城市年均降幅平均为 5.9%；超标 50%～100%（含 100%）的城市年均降幅平均为 6.5%；超标 100% 以上的城市年均降幅平均为 8.3%（表 3-12）。

表 3-12 2015—2020 年 337 个地级及以上城市 PM$_{2.5}$ 年均浓度改善情况

2015 年 PM$_{2.5}$ 超标情况	城市数量/个	年均降幅平均值/%
达标	106	4.2
超标 20% 及以内	52	5.5
超标 20%～50%（含 50%）	70	5.9
超标 50%～100%（含 100%）	74	6.5
超标 100% 以上	35	8.3

（4）美丽中国下的 $PM_{2.5}$ 浓度预期

根据经济发展水平的预测，假设到 2035 年我国人均 GDP 约为 2.2 万美元，相当于发达国家 20 世纪 90 年代初期水平。发达国家与我国 2035 年处于同等经济发展水平时 $PM_{2.5}$ 年均浓度介于 20～30 μg/m³，平均约为 25 μg/m³，相当于世界卫生组织第二阶段过渡目标。对标发达国家的经济发展与环境空气质量改善历程，到 2035 年我国迈入中等发达国家行列时，宜以 25 μg/m³ 作为全国 $PM_{2.5}$ 浓度目标，达到欧盟现行 $PM_{2.5}$ 浓度标准和 WHO过渡时期第二阶段目标。

2020 年全国 $PM_{2.5}$ 年均浓度为 33 μg/m³。在未来 3 个五年计划中，全国 $PM_{2.5}$ 年均浓度在每一阶段下降 10%左右，即可完成预期目标。过去 15 年间，美国的 $PM_{2.5}$ 浓度降幅约为 36%，日本则约为 44%，欧盟 $PM_{2.5}$ 浓度在 2008—2017 年 10 年间下降了 30%，均在较低浓度水平条件下实现了 $PM_{2.5}$ 浓度大幅改善。着眼于国际经验，随着大气污染防治行动的持续深化，我国能够在 2035 年实现全国 $PM_{2.5}$ 浓度年均值下降到 25 μg/m³的目标。

3.2.1.2 全国 O_3 浓度变化预测

（1）国际对标分析

主要发达国家与我国 O_3 污染指标差异较大，难以直接折算，因此仅参考发达国家 O_3污染变化趋势。美国 O_3 污染水平在过去 40 年间下降了约 35%；欧盟和日本的 O_3 污染水平在近 10 年平稳，无明显趋势。过去 40 年间，美国的 VOCs 和 NO_x 排放分别下降了 51%和 67%，有效推动了 O_3 浓度下降；其中 VOCs 减排主要发生在 2000 年之前，NO_x 减排主要发生在 2011 年之后（图 3-6），且 O_3 浓度的下降与 NO_x 和 VOCs 排放量下降之间并未呈现显著的相关关系（表 3-13）。

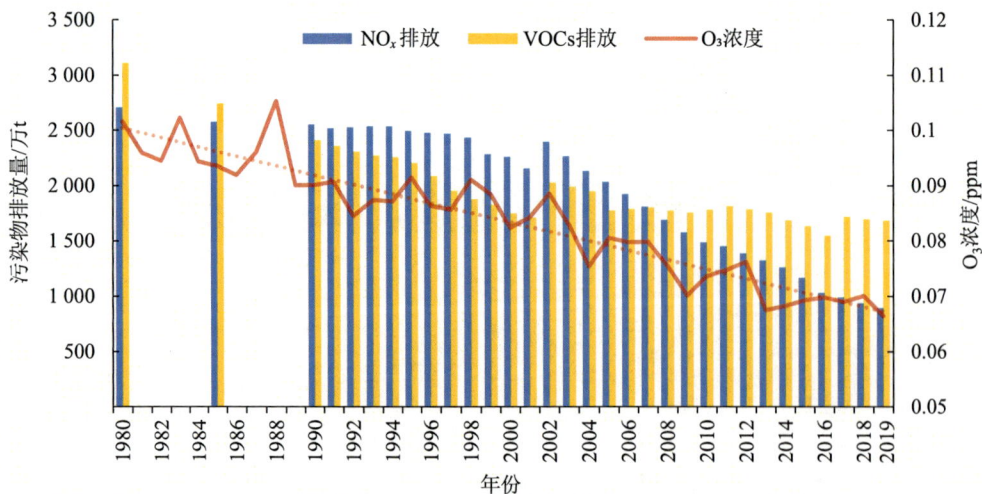

图 3-6 美国 O_3 浓度及其前体物排放趋势（1980—2019 年）

表 3-13 欧美不同时段 O$_3$浓度及其前体物排放下降比例 单位：%

时段	美国					欧洲
	1980—1990 年	1991—2000 年	2001—2010 年	2011—2019 年	1980—2019 年	2009—2018 年
NO$_x$减排	6	11	34	40	67	26
VOCs 减排	22	27	−2	5	51	16
O$_3$浓度下降	11	9	11	10	35	无明显趋势

（2）美丽中国下的 O$_3$浓度预期

美国的 O$_3$污染的评价指标为日最大 8 h 浓度均值全年第四大值（99 百分位数），从统计上来看，其指标变化幅度将大于我国采用的第 90 百分位数。根据我国观测数据，全国 O$_3$日最大 8 h 浓度均值全年第四大值均值约为第 90 百分位数均值的 1.3 倍。基于美国的 O$_3$污染改善趋势，可预期未来 15 年我国 O$_3$年评价指标可能下降 10%左右。

2020 年，全国 O$_3$日最大 8 h 浓度第 90 百分位数的平均值为 138 μg/m³。因 O$_3$污染受气象条件年际波动影响显著，在此以 2018—2020 年 O$_3$年度指标均值（142 μg/m³）为基准展望 2035 年，可以预期届时全国 O$_3$日最大 8 h 浓度第 90 百分位数的平均值为 128 μg/m³左右，约 310 个城市 O$_3$浓度不高于 160 μg/m³。

3.2.2 汾河平原中长期空气质量改善目标

3.2.2.1 目标制定的技术方法

基于"2035 年基本建成美丽中国"和环境空气质量改善的国家总体战略要求，结合欧美国家空气质量改善历程的对标分析、《大气污染防治行动计划》实施以来我国不同城市空气质量改善幅度的分析、NO$_x$和 VOCs 排放量削减与 PM$_{2.5}$和 O$_3$浓度之间响应关系的模拟分析，按照持续改善、分类指导、重点强化的原则设计汾河平原 PM$_{2.5}$浓度改善情景，采用自下而上的计算方法，按城市上一年 PM$_{2.5}$污染程度分类确定 PM$_{2.5}$年均浓度下降比例，逐年计算城市 PM$_{2.5}$浓度目标，得到区域 2025 年、2030 年和 2035 年 PM$_{2.5}$年均浓度改善目标。

（1）PM$_{2.5}$浓度改善情景设置

发达国家和我国的经验均表明，在 PM$_{2.5}$浓度较高时，其浓度下降速率相对更快；随着 PM$_{2.5}$浓度的降低，污染物排放削减和大气环境管理的边际成本逐渐升高，PM$_{2.5}$浓度的下降速度有所降低。因此，城市 PM$_{2.5}$年均浓度预期下降比例应与其 PM$_{2.5}$浓度相关。根据 PM$_{2.5}$年均浓度超过国家空气质量二级标准限值的程度，设计了超标等级，将城市进行了分类：年均浓度超标 20%及以内的为轻度超标，超标 20%～50%（包含 50%）为中度超标，超标 50%～100%（包含 100%）为重度超标，超标 100%以上的为严重超标（表 3-14）。在汾河平原 6 个城市中，2018—2020 年 PM$_{2.5}$年均浓度 3 年滑动平均值超标 50%～100%的城市有 3 个，分别为临汾、运城、太原；超标 20%～50%的城市有 2 个，分别为三门峡和晋中；超标 0～20%的城市为吕梁市（图 3-7）。

表 3-14　超标等级对应的超标程度

污染物	超标等级	超标程度
PM$_{2.5}$年均浓度	未超标	—
	轻度超标	超标（0，20%]
	中度超标	超标（20%，50%]
	重度超标	超标（50%，100%]
	严重超标	超标 100%以上

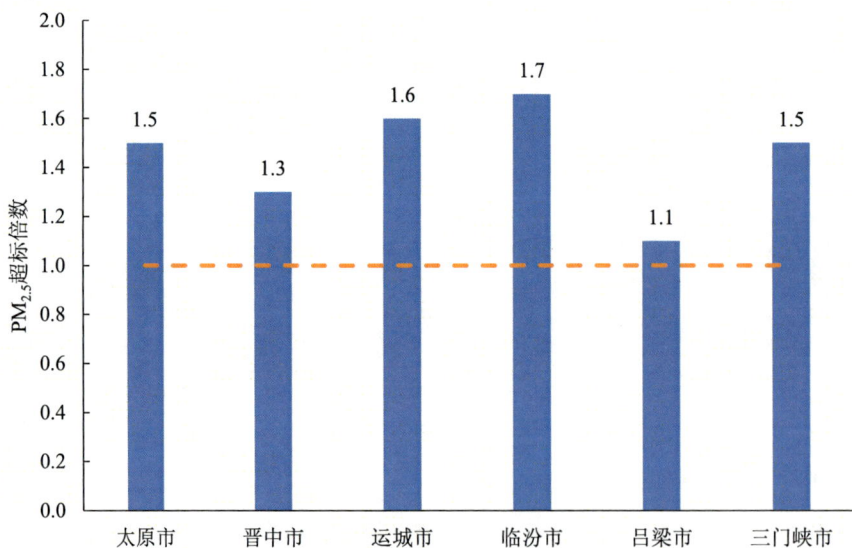

图 3-7　2018—2020 年 PM$_{2.5}$年均浓度 3 年滑动平均值超标情况

结合"2035 年基本实现美丽中国目标"的战略要求，以汾河平原区域内所有城市 PM$_{2.5}$年均浓度全面达到现行国家二级标准为主要目标，借鉴发达国家空气质量改善历程和《大气污染防治行动计划》实施以来我国各城市空气质量改善幅度的分析，基于城市 PM$_{2.5}$污染程度分类确定 PM$_{2.5}$年均浓度下降比例，设计汾河平原城市 PM$_{2.5}$浓度改善情景。本书共设置了两种改善情景（表 3-15）：①基于《打赢蓝天保卫战三年行动计划》PM$_{2.5}$ 浓度下降目标，设置城市 PM$_{2.5}$ 年均浓度改善的基准情景；②借鉴国内外 PM$_{2.5}$ 浓度改善经验，并基于城市 PM$_{2.5}$ 污染程度分类确定 PM$_{2.5}$ 年均浓度下降比例，设置了分类改善情景。

表 3-15　汾河平原 PM$_{2.5}$ 年均浓度改善情景

情景		情景说明
情景一 （基准情景）	已达标	保持达标，PM$_{2.5}$ 浓度不反弹
	未达标	年均下降比例设为 3.8%（基于《打赢蓝天保卫战三年行动计划》未达标城市 PM$_{2.5}$ 浓度下降目标计算）
情景二 （分类改善情景）	已达标	持续改善（年均下降 2% 左右）
	超标 20% 及以内	年均下降 3.5% 左右
	超标 20%～50%（含50%）	年均下降 4.5% 左右
	超标 50%～100%（含100%）	年均下降 6% 左右
	超标 100% 以上	年均下降 7% 左右

（2）分阶段改善目标的计算方法

2000—2019 年气象条件波动对 PM$_{2.5}$ 浓度影响的研究表明，气象条件对区域 PM$_{2.5}$ 年均浓度影响的幅度可达 6%。为消除气象条件波动的影响，借鉴美国、欧洲国家等的经验，利用大气污染物浓度的 3 年滑动平均值来确定空气质量目标。基于表 3-15 中设置的情景采用自下而上的计算方法，按城市上一年 PM$_{2.5}$ 污染程度分类确定 PM$_{2.5}$ 年均浓度下降比例，逐年计算城市 PM$_{2.5}$ 浓度目标，其中，以 2023—2025 年、2028—2030 年和 2033—2035 年每 3 年 PM$_{2.5}$ 预期浓度均值作为"十四五""十五五""十六五" 3 个阶段的目标。在此基础上，计算汾河平原区域分阶段 PM$_{2.5}$ 年均浓度改善目标。

3.2.2.2　区域及城市 PM$_{2.5}$ 浓度分阶段浓度目标

根据设置的 PM$_{2.5}$ 浓度改善情景计算得到如图 3-8 所示结果，在情景一、情景二下，汾河平原 PM$_{2.5}$ 平均浓度到 2035 年分别为 34 μg/m³ 和 31 μg/m³，并分别在 2033 年和 2029 年前后达到二级标准浓度限值。从城市达标情况来看，到 2035 年，在情景一和情景二下汾河平原所有城市均达标，能够实现 2035 年美丽中国空气质量要求。考虑到我国环境空气质量标准在未来将进一步提高，本书选取浓度改善幅度较大的情景二，对汾河平原区域各城市分阶段空气质量改善目标进行计算。

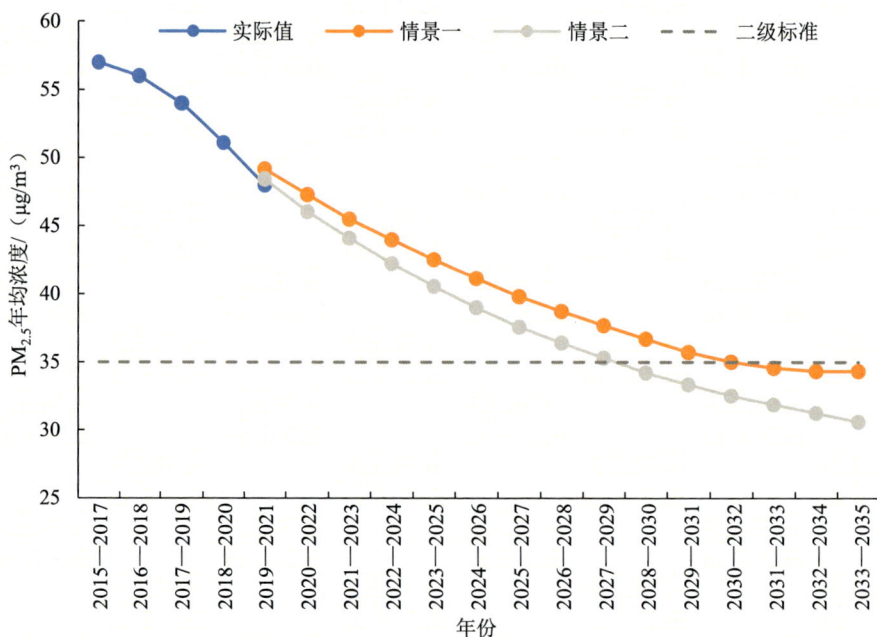

图 3-8   两种情景下汾河平原 PM$_{2.5}$ 平均浓度改善预期

汾河平原 PM$_{2.5}$ 平均浓度将在 2029 年左右实现达标，2025 年、2030 年和 2035 年 PM$_{2.5}$ 浓度均值预计分别为 41 μg/m³、34 μg/m³ 和 31 μg/m³。各城市不同阶段 PM$_{2.5}$ 浓度预期和达标时间如表 3-16 和图 3-9 所示，其中吕梁最早实现达标（2023 年），临汾最晚实现达标（2032 年）。

表 3-16   汾河平原城市不同阶段 PM$_{2.5}$ 浓度预期   单位：μg/m³

城市	2018—2020 年	2023—2025 年	2028—2030 年	2033—2035 年
太原	54	42	35	32
晋中	45	37	32	29
运城	58	44	36	32
临汾	59	45	37	33
吕梁	39	33	30	27
三门峡	52	41	35	31

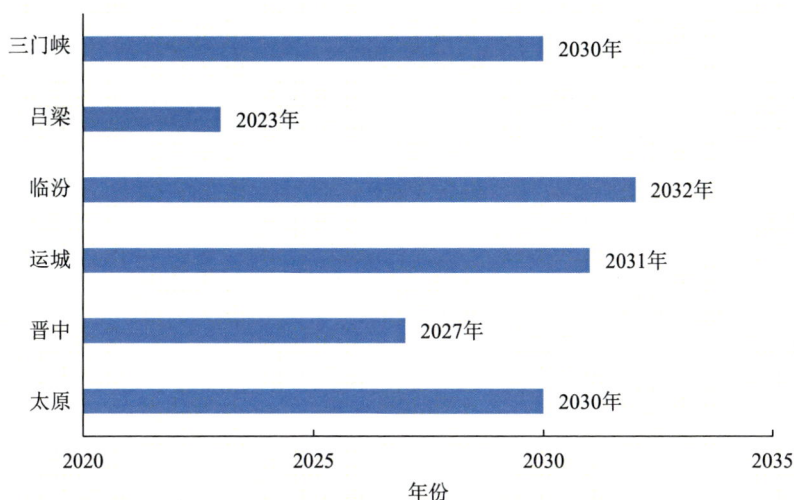

图3-9 汾河平原各城市 PM2.5 达标年份

3.2.2.3 汾河平原 O₃ 浓度改善预期

考虑到 O₃ 污染化学过程复杂，区域性特征极显著，且对气象条件极敏感，指标难以分解到城市，本书中仅在汾河平原区域层面提出浓度目标。基于美丽中国下 2035 年全国 O₃ 年评价指标下降 10%左右的预期，设定汾河平原未来 15 年 O₃ 浓度改善幅度与全国平均水平持平，即 2035 年下降 10%左右。

因 O₃ 污染受气象条件年际波动影响显著，在此以 2018—2020 年 O₃ 年度指标均值（174 µg/m³）为基准展望 2035 年，可以预期届时汾河平原 O₃ 日最大 8 h 浓度第 90 百分位数的平均值为 157 µg/m³ 左右。

3.3 分阶段大气污染减排情景研究

3.3.1 基准年现状分析

3.3.1.1 能源结构以煤炭为主

煤炭、焦炭、电力生产输出量均位居前列。汾河平原城市是我国重要的煤炭资源储藏地。2020 年山西煤炭产量 10.6 亿 t，其中太原、晋中、临汾、吕梁、运城 5 市煤炭产量约占全省的 35%，煤炭向省外输出量占全省产量的 58.6%。焦炭产量 10 493.7 万 t，其中太原、晋中、临汾、吕梁、运城 5 市焦炭产量约占全省的 79%，焦炭向省外输出量占全省产量的 79.0%。发电量 3 366.9 亿 kW·h，外送电量约占全省发电量的 39.19%，太原、晋中、临汾、吕梁、运城发电量约占全省总发电量的 38.9%。

汾河平原能源消费强度高于全国平均水平。2020年汾河平原能源消费总量约1.84亿t标准煤。从万元GDP能耗来看，汾河平原万元GDP能耗约为1.25 t标准煤/万元，远高于全国（0.55 t标准煤/万元）、河南省（0.51 t标准煤/万元）平均水平，略低于山西省（1.28 t标准煤/万元）平均水平。

分地市看，万元GDP能耗上，汾河平原所属地市全部高于全国平均水平0.55 t标准煤/万元，除三门峡和太原外，其余地市均在1.3 t标准煤/万元以上。临汾万元GDP能耗最高，达2.08 t标准煤/万元；三门峡最低，为0.64 t标准煤/万元。山西省所属4个地市万元GDP能耗处于区域内较高水平（图3-10）。

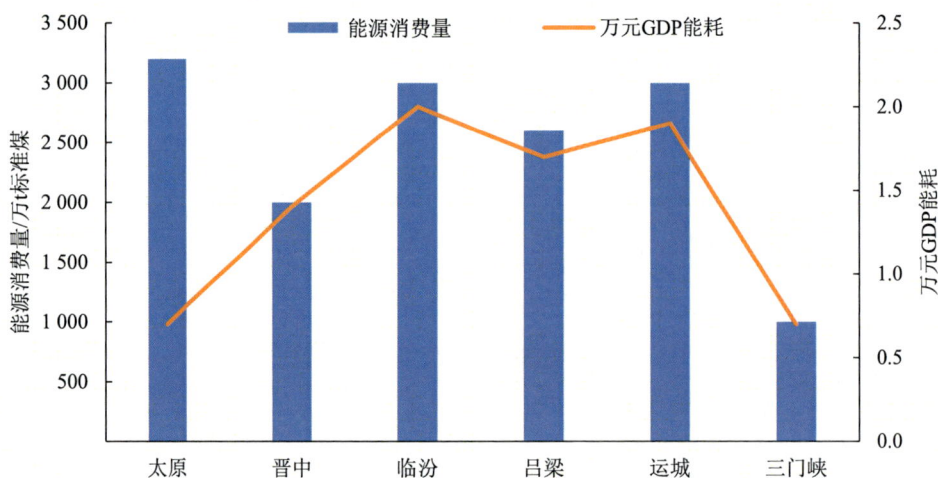

图3-10　2020年汾河平原能源消费总量及能源消费强度

汾河平原一次能源消费以煤炭为主。2020年一次能源消费中，煤炭消费约占84%。从各城市煤炭消费量来看（表3-17），2020年吕梁煤炭消费量最大，是太原的1.8倍。"十三五"期间，吕梁煤炭消费量增加近一倍，增速最大，临汾增加8.7%，增速最小。

表3-17　汾河平原各城市煤炭消费量　　　　　　　　　　单位：万 t

城市	2015 年	2016 年	2017 年	2018 年	2019 年	2020 年	"十三五"增速/%
太原	2 645	2 801	2 699	3 104	3 400	3 328	25.8
晋中	2 460	2 486	2 708	2 942	3 102	3 328	35.3
运城	2 614	2 471	3 008	3 171	3 206	3 656	39.9
临汾	3 865	3 660	3 352	3 808	4 072	4 202	8.7

城市	2015 年	2016 年	2017 年	2018 年	2019 年	2020 年	"十三五"增速/%
吕梁	2 997	3 548	4 327	5 104	6 194	5 990	99.9
三门峡	1 995	1 907	1 922	1 537	1 325	1 108	−44.5
小计	16 576	16 873	18 016	19 666	21 299	21 612	30.4

重点行业煤炭消费量占比较大。2020 年，炼焦，电力、热力的生产和供应，钢铁等重点行业煤炭消费量占汾河平原工业煤炭消费总量的 85%以上（图 3-11），其中炼焦煤炭消费量占 39.2%，电力、热力的生产和供应占 35.4%，钢铁占 11.0%。

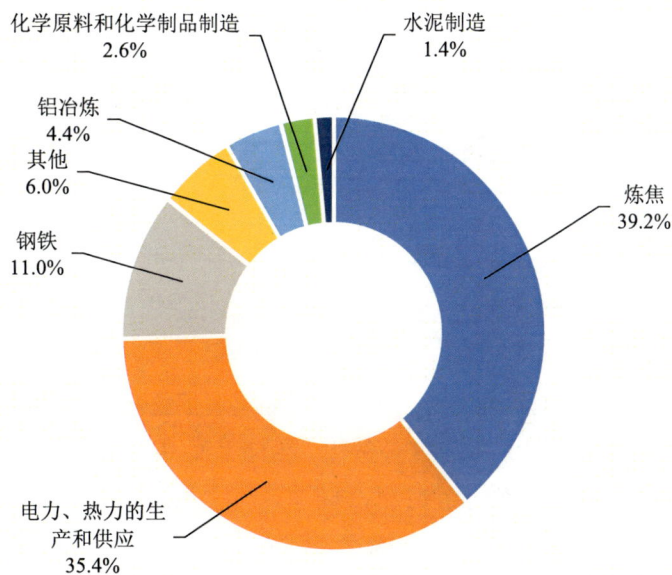

图 3-11　2020 年山西 5 市工业行业煤炭消费结构

汾河平原散煤治理成效显著，但复烧压力较大。"十三五"期间，区域在燃煤小锅炉淘汰、民用清洁取暖等散煤治理方面取得了较大成效。目前，区域内 35 蒸吨以下燃煤锅炉基本上已全部淘汰，区域内的平原地区已基本上通过热电联产、煤改气、煤改电等措施实现清洁取暖，农村地区清洁取暖比例总体达到 60%。但由于煤改气、煤改电日常运行费用较高，一些经济困难用户在完成煤改气、煤改电改造后，仍以燃煤取暖为主要采暖形式，存在散煤复烧现象。

3.3.1.2 产业结构以重化工业为主

第三产业占比低于全国平均水平。2020年，汾河平原三次产业结构比例为7.9∶44.2∶47.9，与全国、山西省、河南省相比，第二产业占比仍较大，尤其是吕梁、三门峡等城市，工业依旧居于首要地位，产业结构不够合理（图3-12）。

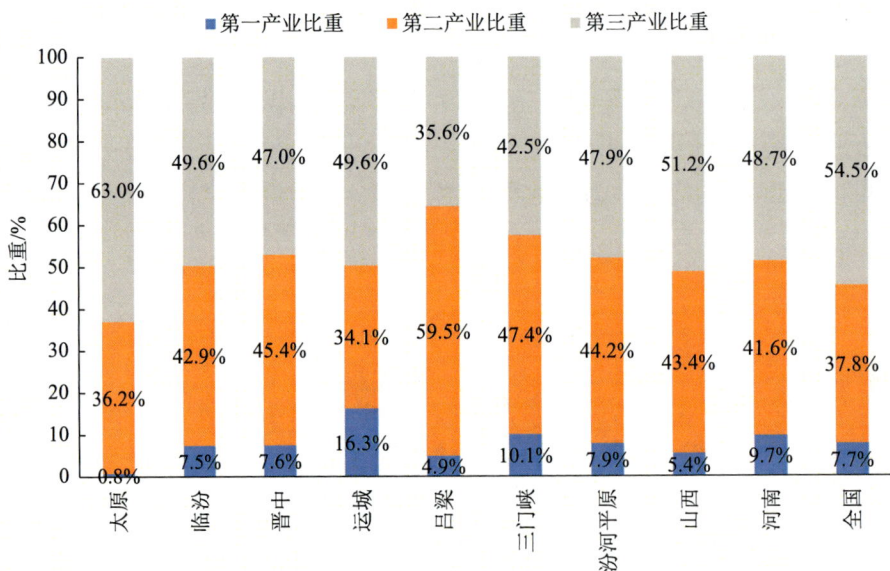

图 3-12 2020 年三次产业比重情况

产业层次低，"两高"聚集地。汾河平原工业处于重工业化过程的初级阶段，产业结构是以能源和原材料工业为主的重型工业结构。汾河平原 6 个城市重化企业数量多，区域内燃煤机组装机容量总计 3 077.65 万 kW（图3-13），占山西省火电装机容量的 46.4%，占全国的 2.7%，吕梁装机容量最多，达到 726.5 万 kW。区域内拥有钢铁企业 15 家，产能 4 402.8 万 t，占山西省粗钢产能的 67.1%，占全国的 4.5%，运城、太原、临汾钢铁企业规模均达到 1 500 万 t 左右，主要分布于太原尖草坪和清徐、临汾襄汾和曲沃、运城河津和新绛等区县。拥有焦化企业 87 家，产能 9 124 万 t（图3-14），占山西省焦炭产能的 71.9%，占全国的 16.4%，吕梁、临汾、晋中、运城焦化产能均超过 1 500 万 t，主要分布于吕梁孝义和交城、运城河津和新绛、晋中介休、临汾襄汾等区县。水泥企业 27 家，产能 3 993 万 t（图3-15），占山西省水泥熟料产能的 62.3%，占全国的 2.2%，主要分布于三门峡陕州和渑池、太原阳曲、吕梁柳林、运城新绛、临汾襄汾、晋中榆次等区县。从各行业产能空间分布（图3-16）可以看出，大部分钢铁、焦化、水泥等重污染行业分布于监管较为薄弱的城市边界地区，亟须建立完善跨界联防联控机制。

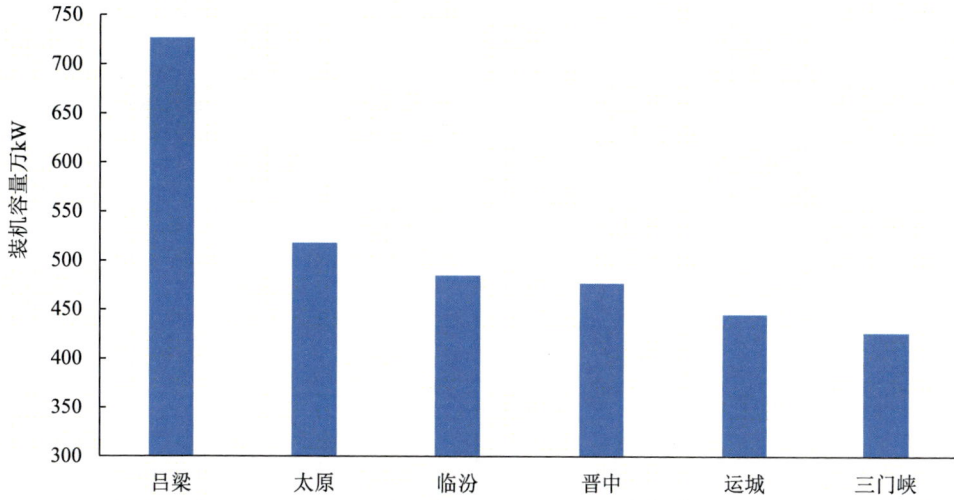

图 3-13　2020 年汾河平原各城市装机容量

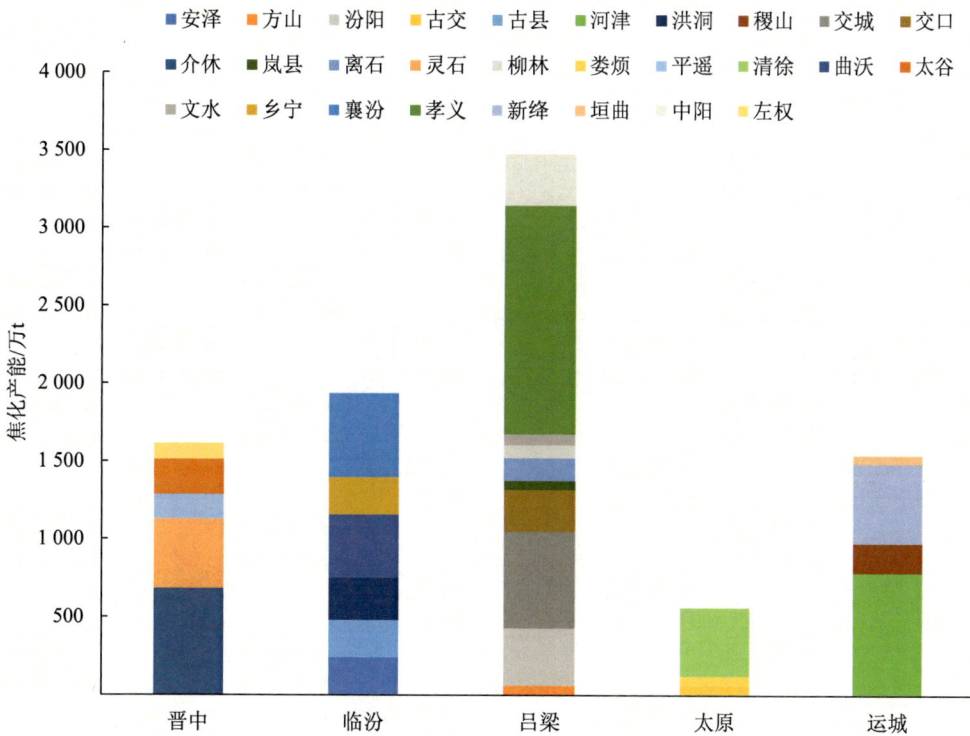

图 3-14　2020 年汾河平原各城市焦化产能

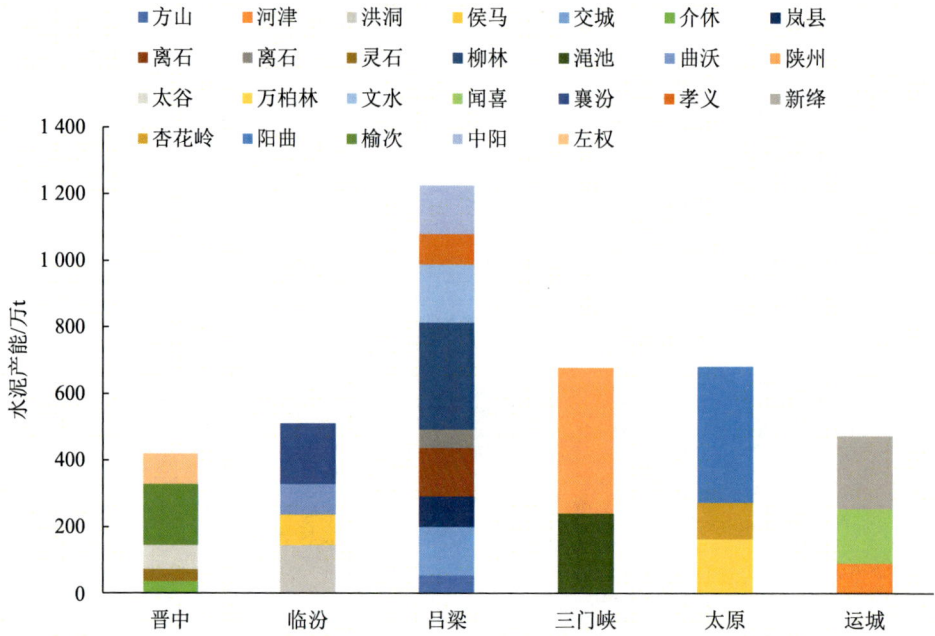

图 3-15 2020 年汾河平原各城市水泥产能

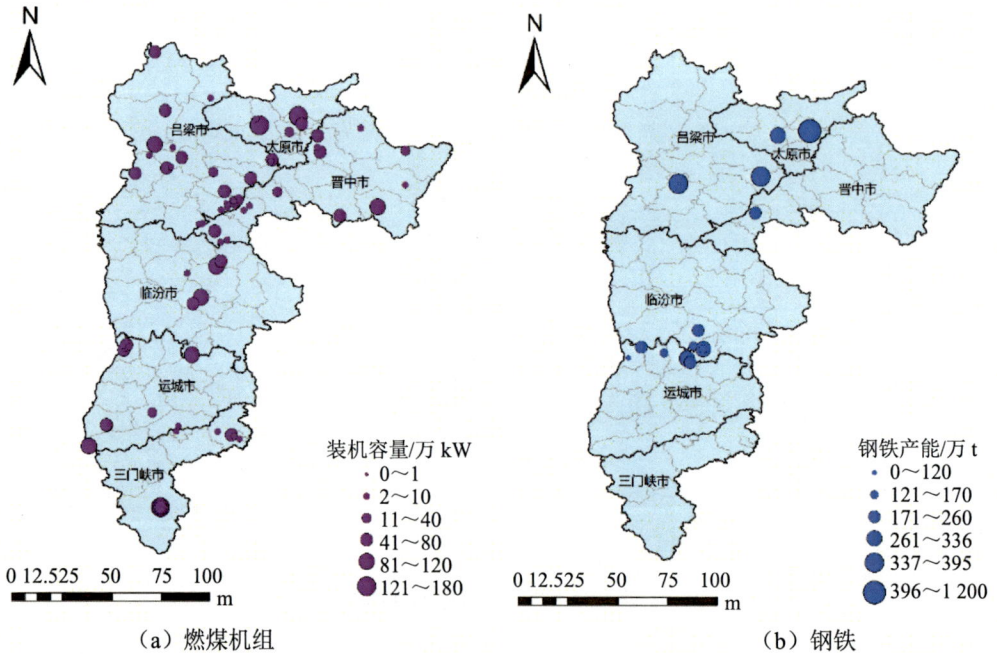

（a）燃煤机组

（b）钢铁

（c）焦化

（d）水泥

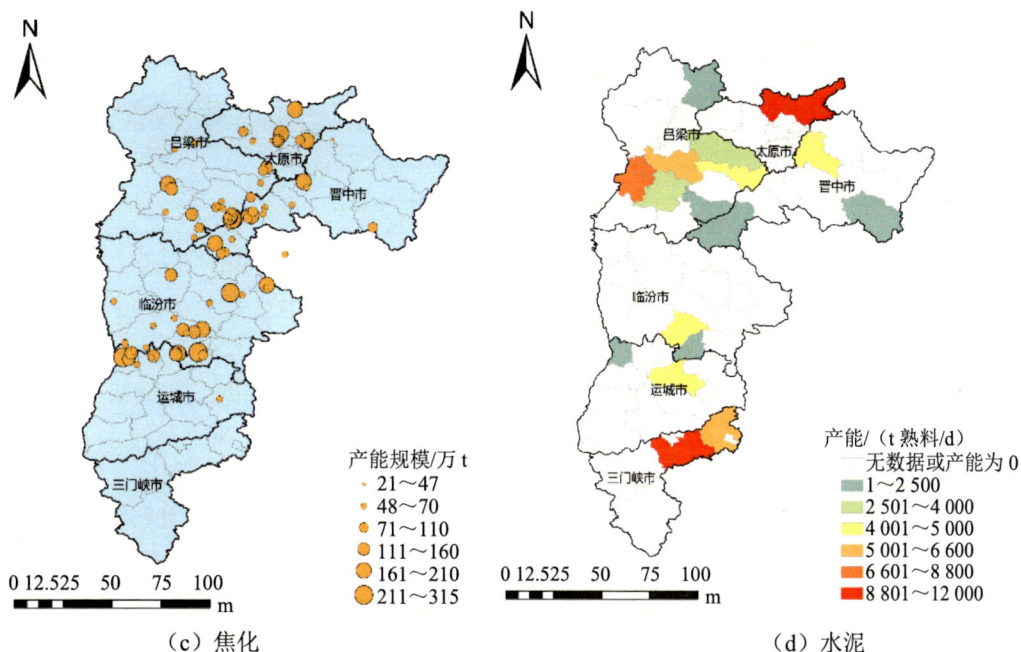

图 3-16　2020 年汾河平原重点工业行业产能

　　综上可见，汾河平原产业结构初级化、单一化严重，目前已形成包括煤电、煤化工（以焦化、合成氨为主）、钢铁在内的重工业体系，突出特征是产业发展对煤炭资源过于依赖，结构相对简单。太原主要产业有煤炭、钢铁、焦化、电力等；晋中以煤焦、纺机、液压元件、艺术玻璃、玛钢等为主导产业；吕梁的主要产业有煤炭、焦炭、冶金（钢铁、镁、铁合金）、建材等；临汾主要产业有煤炭、煤化工（焦化、焦油、甲醇、合成氨）、冶金（钢铁、铸造）、电力等，煤焦冶炼等传统产业占到整个临汾工业经济总量的近 90%，煤炭占到工业经济的一半以上；运城主导产业为冶金（氧化铝、电解铝）、焦炭、煤化工、电力等资源性产业；三门峡主导产业为黄金产业、装备制造业、铝产业、精细化工等。从"十三五"期间的变化来看，生铁、粗钢、钢材、水泥、焦炭、原煤、电力等行业产品产量均明显增加，增幅分别为 72%、74%、52%、40%、30%、14%、17%（表 3-18）。

表 3-18　各市"十三五"期间主要工业产品产量变化

城市	年份	生铁/万 t	粗钢/万 t	钢材/万 t	水泥/万 t	焦炭/万 t	原煤/万 t	发电量/亿 kW·h
合计	"十三五"增幅/%	72	74	52	40	30	14	17
	2020	4 778.3	5 177.2	4 975.3	3 489.8	8 260.9	35 780.1	1 277.6
	2019	4 391.3	4 510	4 521.0	3 238.9	7 978.8	32 501.2	1 299.4
	2018	3 604.3	4 087.1	4 009.1	2 679.8	7 411.3	31 095.5	1 337.4
	2017	3 047.8	3 470.2	3 485.9	2 381.9	6 678.6	29 047.3	1 207.3
	2016	2 816.2	2 994.6	3 405.8	2 510	6 550.7	27 874.6	1 113.1
	2015	2 777.3	2 974.2	3 268.8	2 497.9	6 341.5	31 500.1	1 089.3
太原	"十三五"增幅/%	24.0	19.2	21.2	49.1	1.0	3.6	25.9
	2020	963.6	1 285.8	1 234.1	712.8	1 039.4	4 133.4	324.1
	2019	1 032.4	1 037.6	1 242	608.3	1 123.4	3 572.8	319
	2018	816.2	1 250.1	1 185.3	593.6	1 150.5	3 345.8	271
	2017	777.7	1 182.8	1 102.4	469	1 058	2 837.1	258.7
	2016	771.5	1 106.5	1 048.9	492.6	1 069.7	2 868.7	279.3
	2015	777.4	1 078.6	1 018.5	478.1	1 029.4	3 988.9	257.5
临汾	"十三五"增幅/%	31.5	35.4	12.8	141.5	3.7	19.0	15.1
	2020	1 368.9	1 351.2	1 423.5	611.6	1 819.3	6 723.4	243
	2019	1 168	1 206.4	1 287.1	607.3	1 687.7	6 391.1	244.5
	2018	924.7	940.3	1 118.9	400	1 616.7	6 006.1	236.5
	2017	795.6	872.3	1 138	307.2	1 452.1	6 322	204.9
	2016	946.9	931.9	1 199.7	281.7	1 688.2	5 435.3	195
	2015	1 040.9	998.3	1 261.6	253.2	1 754.1	5 647.8	211.2
晋中	"十三五"增幅/%	86.2	69.8	53.1	−29.9	25.4	4.3	27.4
	2020	278.5	282.7	210.6	300.1	1 329.7	9 204.7	245.8
	2019	304.8	305.5	223.3	304.2	1 218.4	8 511.1	234.2
	2018	233.6	244.8	185.3	278.8	1 188.7	8 856.5	226.3
	2017	213.6	215.1	153.3	237	1 160.7	7 288.6	192.3
	2016	173.9	165.8	257.6	219	1 141.3	7 640	201.2
	2015	149.6	166.5	137.6	428	1 060.7	8 824.5	193

城市	年份	生铁/ 万t	粗钢/ 万t	钢材/ 万t	水泥/ 万t	焦炭/ 万t	原煤/ 万t	发电量/ 亿 kW·h
运城	"十三五"增幅/%	299.5	350.7	228.3	41.9	50.9	87.7	−87.8
	2020	1 681.6	1 862.4	1 759.9	480.9	1 399	672.4	22.4
	2019	1 395.5	1 605.5	1 420.4	426	1 257	618	20.4
	2018	1 184	1 306.4	1 197.6	374.8	1 199.8	603.9	187.2
	2017	865.5	890.5	804.8	359.3	1 078	546	189.5
	2016	517.4	500	608.2	484.3	880.4	380.2	158.8
	2015	420.9	413.2	536.1	338.9	927.1	358.2	184.1
吕梁	"十三五"增幅/%	25.0	24.4	17.5	60.7	70.3	22.3	142.8
	2020	485.7	395.1	347.2	689.1	2 673.5	14 134.4	272.2
	2019	490.6	355	347.5	619.7	2 692.3	12 258.8	292.7
	2018	445.8	345.5	321.3	518.4	2 255.6	11 188.8	208.6
	2017	395.4	309	287.4	472.4	1 929.8	10 924.9	183.5
	2016	406.5	290.4	270.1	457.8	1 771.1	10 624.2	156
	2015	388.5	317.6	295.4	428.9	1 570.2	11 556.7	112.1
三门峡	"十三五"增幅/%	—	—	—	21.8	—	−18.9	29.5
	2020	0	0	0	695.3	0	911.8	170.1
	2019	0	0	0.66	673.4	0	1 149.4	188.6
	2018	0	0	0.69	514.2	0	1 094.4	207.8
	2017	0	0	0	537.0	0	1 128.7	178.4
	2016	0	0	21.3	574.6	0	926.2	122.8
	2015	0	0	19.6	570.8	0	1 124.0	131.4

3.3.1.3 交通结构以公路运输为主

公路运输需求旺盛。汾河平原是山西和内蒙古煤外运的重要通道，以吕梁和晋中为例，吕梁日过境运煤车有 5 万余辆（其中高速公路 3.7 万余辆，国省道 1.4 万辆），晋中市日过境运煤车 18.7 万辆（其中高速公路 4.5 万辆，国省道 12.9 万辆）。此外，临汾电力企业日运煤 4.5 万 t，每天仅电力行业就有 1 600 余辆重型车承担运煤任务。

运输结构均以公路为主。汾河平原总体为多山地形，基于建设难度和建成后的运行速度等方面的考虑，该区域的主要运输道路集中在汾河谷地，如沿谷地建设的南同蒲铁路、大运高速等，均为山西省南北向的主要运输通道。因地形的限制，汾河谷地也是区域内主要的人口聚居区、工业企业布局区和空气质量监测点位布设区域，这些区域与主要运输道路之间难以在空间上远离，导致交通运输极易对空气质量造成不利影响（图 3-17）。2021 年，山西省公路、铁路、水运总货运量合计 21.8 亿 t，占全国货运总量的 4.1%；山西省铁路、公路、水运货运量的占比分别为 47.3%、52.7%、0.01%，以公路运输为主要运输方式；从历年的运输情况来看，2010—2021 年山西公路货运总量逐年提升，且货运量占比呈现增高趋势（图 3-18）。

图 3-17　汾河平原公路、铁路运输线路

图 3-18　山西货物运输结构

　　机动车保有量持续上涨，重型载货汽车增长迅速。随着城市化进程的推进，汾河平原机动车保有量呈上升趋势（图 3-19），2020 年较 2015 年机动车保有量增长 50% 以上。截至 2020 年，汾河平原机动车保有量已达 518.8 万辆，千人机动车拥有量 227 辆，正处于机动车保有量快速膨胀期，与发达国家的城市相比，未来机动车规模上升空间巨大。分城市来看，太原机动车保有量最高，约 179 万辆，其次是运城，约 121 万辆。其中重型（12 t 以上）柴油车保有量最高的是运城，约 3.2 万辆，其他城市均在 2 万辆以内，运城的重型柴油车保有量是吕梁的两倍以上；但整体来看汾河平原商用车电动化率仅为 2.8% 左右，低于全国商用车电动化平均水平。

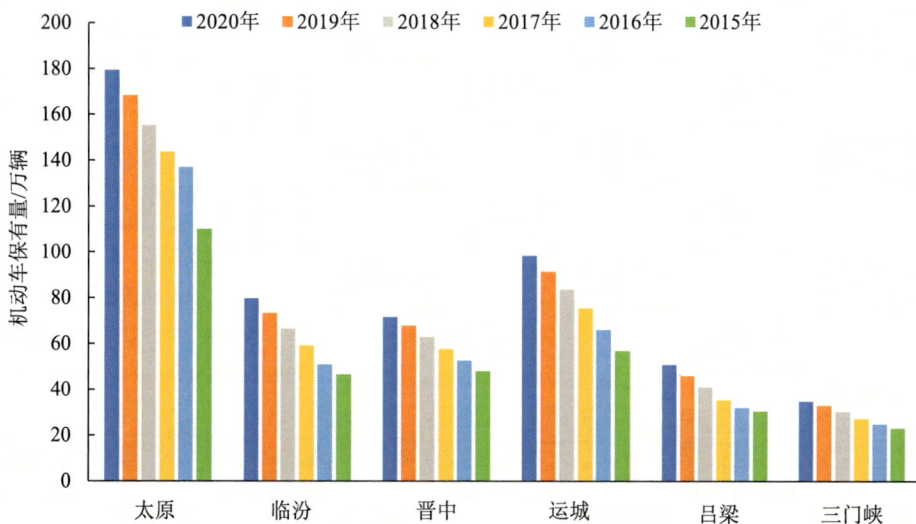

图 3-19　2015—2020 年汾河平原机动车保有量

　　从各种车型机动车增长情况来看（图 3-20），与 2015 年相比，2020 年汾河平原小型载客汽车、重型载货汽车保有量分别增长到 69.9%、50.8%，大型载客汽车、轻型载货汽车保有量涨幅分别达到 32.1%、49.5%，中微型载客、载货汽车均所减少。综合不同车型保有量增长幅度和比重可以看出，小型、大型载客汽车和重型、轻型载货汽车数量的上涨是推动机动车保有量快速上涨的主要原因。重型（12 t 以上）柴油货车中，以国三及以下的重型柴油车居多，约占 44%，国四、国五重型柴油车保有量约各占 33% 和 23%。此外，中型柴油货车中，国三及以下的占比也较高，达到 76%（图 3-21）。

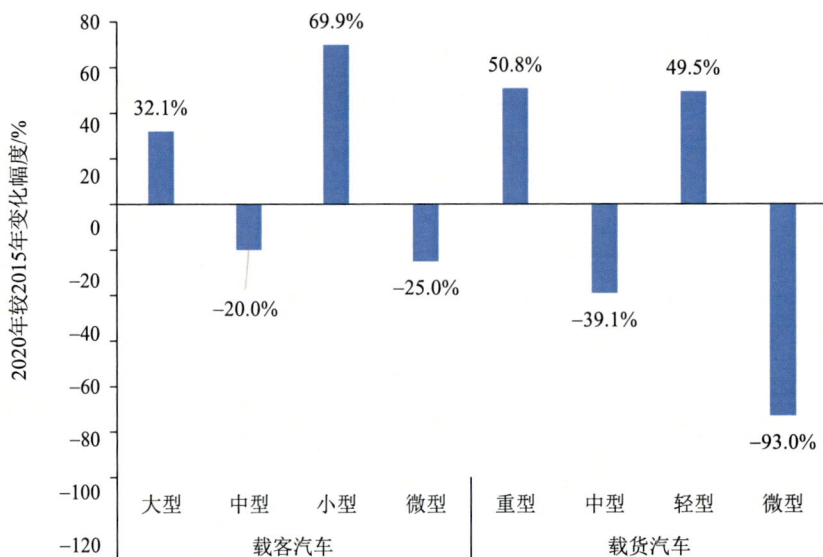

图 3-20　汾河平原各种车型机动车 2020 年较 2015 年变化幅度

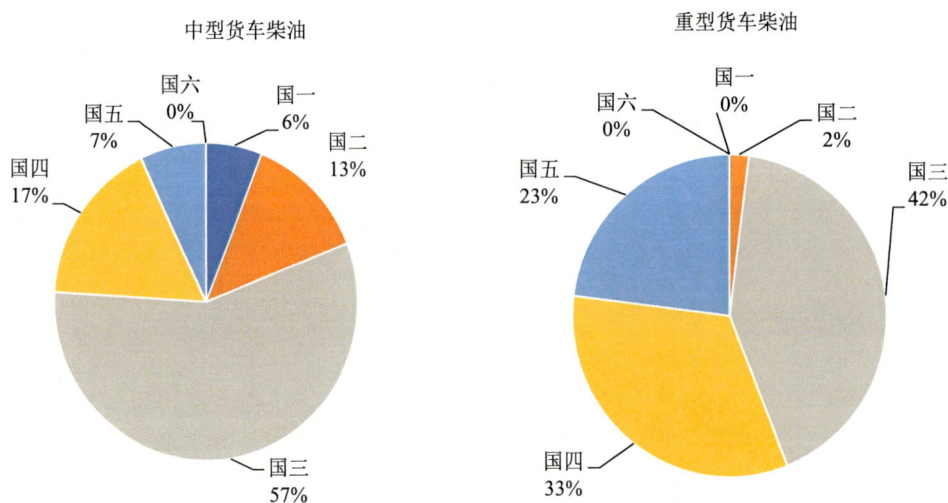

图 3-21　2020 年汾河平原中型和重型载货柴油汽车保有量排放阶段构成

　　柴油车车用油品和尿素质量问题突出，车用柴油油品达标率较低。通过对销售的尿素产品进行抽样测试，发现样品达标率在 70%左右，主要是尿素浓度和缩二脲含量不达标。在柴油车车用油品方面，社会加油站超标情况突出。2017 年临汾抽查油样 456 个，不合格样品 54 个；晋中抽查车用柴油样品 120 个，不合格样品 16 个。全部不合格油品都来自社会加油站。此外，重型柴油货车的大气污染物排放超标问题仍然存在。表 3-19

列出了自由加速法检测的汾河平原城市柴油货车排放合格率,吕梁、晋中相对偏低,分别为 95.57% 和 95.91%。事实上,自由加速法检测出的合格率相对偏高,如果采用加载减速法检测更能反映车辆实际排放情况。从路检路查和入户监督抽测情况看,汾渭平原柴油货车超标排放率在 20%～30%。

表 3-19　自由加速法检测汾河平原柴油货车排放合格率

城市	总样本数	通过数	首检数	首检通过数	全部合格率/%	首检合格率/%
吕梁	11 791	11 269	11 687	11 168	95.57	95.56
晋中	58 908	56 498	2 665	2 193	95.91	82.29
运城	23 015	22 376	22 999	22 361	97.22	97.23
临汾	24 031	23 722	21 742	21 617	98.71	99.43
三门峡	58	57	56	55	98.28	98.21

3.3.1.4　重点行业装备和治理水平仍有较大提升空间

（1）钢铁行业

按照高炉、转炉等装备规模划分,汾河平原钢铁联合企业有效容积在 1 200m³ 及以上的高炉在数量上占 43%,公称容量容积在 100 t 以上的转炉占 49%。

在末端治理设施建设上,烧结机头脱硫一般采用石灰石/石灰-石膏等湿法脱硫工艺,循环流化床、旋转喷雾、密相干塔等半干法脱硫工艺,活性炭（焦）干法脱硫工艺,其中 1/3 企业采用湿法,1/3 企业采用两种工艺组合脱硫,其余采用干法或半干法;脱硝采用的技术包括选择性催化还原法（SCR）、选择性非催化还原（SNCR）、协同脱硝技术（COA）等,其中采用 SCR 的企业最多,比例达 80% 以上;湿法脱硫设施一般配备湿式电除尘器,半干法脱硫设施配备高效袋式除尘器,活性炭脱硫脱硝设施配备高效袋式除尘器。烧结机机尾、烧结筛分、球团焙烧设备机尾、高炉出铁场、高炉矿槽、转炉（二次烟气、三次烟气）、电炉、混铁炉、铁水预处理、精炼炉、石灰窑、白云石窑等含尘废气超低排放技术,一般采用高效节能袋式除尘技术。目前仅有 4 家企业 2 540 万 t 产能完成全流程超低评估监测,占汾河平原总产能的 48%。

（2）焦化行业

汾河平原位于山西省的 5 个城市焦炉数量占山西总量的 76%,其中常规焦炉占比 94.9%,清洁型热回收焦炉占比 5.1%。常规焦炉中炭化室高度 4.3 m 的占比 48.7%,装备水平落后,属于限制类;炭化室高度 5.5 m 及以上的占比 46.2%。

在末端治理设施建设上,物料储存与运输废气治理措施主要包括煤、焦料场建设密闭料仓、封闭料场（仓、库、棚）等;破碎、筛分、转运等工序 95% 以上的企业采用袋式除尘器（覆膜）或滤筒除尘器，颗粒物排放浓度可以达到 10 mg/m³ 以下；物料输送采取密闭或封闭输送。焦炉烟囱烟气脱硫采用干法脱硫的企业最多，占比为 46%；烟气脱硝采用的技术包括 SCR、活性炭（焦）一体化等，其中采用 SCR 的企业最多，比例达 80% 以上。焦化企业装煤烟气大多采用干式地面除尘站（袋式除尘器）配合导烟车及高压氨水喷射消烟除尘技术处理，少部分企业针对炉头烟进行专门收集，并引入炉头烟干式地面除尘器处理。焦化企业推焦烟气普遍采用干式地面除尘站（袋式除尘器）处理。采用干法熄焦的焦化企业，其干熄焦废气均采用干式地面除尘站（袋式除尘器）处理。目前汾河平原焦化企业均未完成超低排放改造。

（3）水泥行业

汾河平原水泥熟料行业水泥窑均为新型干法回转窑。在末端治理设施建设上，水泥窑窑头（冷却机）普遍采用袋式除尘器；水泥窑及窑尾余热利用系统一般采用袋式除尘+SNCR/SCR 脱硝，部分企业有低氮燃烧；独立粉磨站水泥磨计划或已配备袋式除尘。目前汾河平原水泥生产企业均未完成超低排放改造。

（4）工业锅炉

2020 年，汾河平原工业锅炉中燃煤锅炉台数占 5.2%，燃气锅炉占 85.8%，生物质锅炉占 4.2%，燃油锅炉占 1.2%，醇基锅炉占 3.6%。在污染治理方面，工业锅炉仍存在大量简易低效治污设施，部分燃煤锅炉虽号称已完成超低排放改造，却使用炉内喷钙脱硫工艺、SNCR 脱硝工艺；部分生物质锅炉仍使用湿法除尘脱硫一体化、重力法除尘等低效工艺。

（5）其他工业炉窑

此外，部分城市产业聚集效应明显，洗煤、铸造、碳素、橡胶、建材等中小型企业众多，企业规模小，布局分散，治理水平低下。大量铸造用生铁装备及治理水平落后。工艺装备落后，7 座烧结机中 5 座为带式烧结机，2 座为步进式烧结机，2 座球团装备均为竖炉，其中步进式烧结机和球团竖炉均属于钢铁行业相对落后的装备；装备规模偏小，烧结机均为 60 m² 和 90 m²，竖炉均为 11 m²，9 座高炉最大的为 1 座 450 m³，其余装备水平远低于钢铁行业淘汰类装备水平（高炉 400 m³）；污染治理进展慢，钢铁超低实施方案提出铸造用生铁企业参照钢铁行业实施超低排放改造，但进展较慢。

3.3.1.5 扬尘秋冬季 PM$_{2.5}$ 的影响日益凸显

汾河平原地壳物质浓度和占比均呈上升趋势，其中地壳类物质浓度从 2018 年秋冬季的 16.8 μg/m³ 增加到 2020 年秋冬季的 17.8 μg/m³，占 PM$_{2.5}$ 的比重从 17.7% 增加至 26.5%。这表明扬尘对汾河平原秋冬季 PM$_{2.5}$ 的影响日益凸显。基于手工采样和空气质量模式模拟分析的结果表明，汾河平原 6 个城市扬尘源对本地 PM$_{2.5}$ 的贡献率为 13%～27%（图 3-22）。

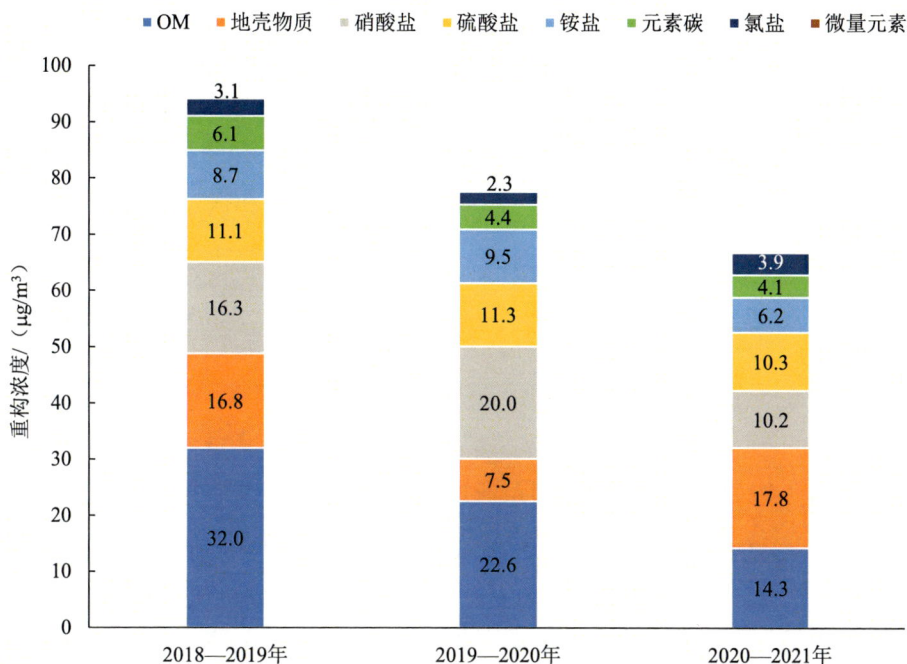

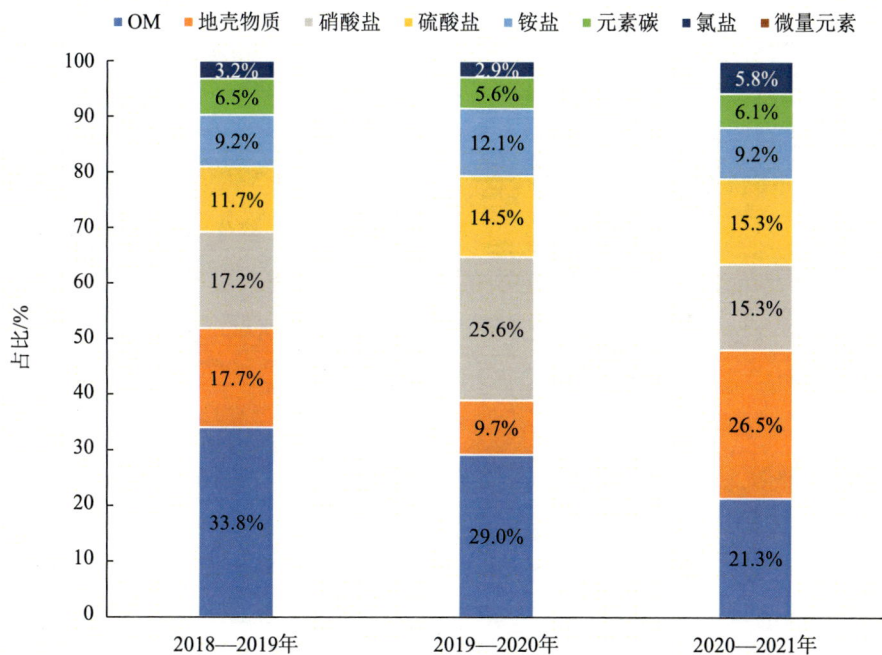

图 3-22　近 3 年秋冬季汾河区域 PM2.5 组分及其占比的变化（OM：有机物）

3.3.2　情景设计的原则

基于汾河平原各城市大气 $PM_{2.5}$ 来源解析结果，识别影响 $PM_{2.5}$ 的重点行业和重点领域；结合重点行业和领域的发展需求、管控措施要求，以社会经济高质量发展为背景，以美丽中国建设和碳排放达峰为双约束，综合考虑技术可达性和措施经济可行性因素，进行不同情景之间的比较优选，最终确定不同阶段不同城市的减排控制情景。本书统筹设置基准、深度治理、协同控制 3 个情景。

基准情景，为低情景方案。在此情景下，"十四五""十五五""十六五"时期汾河平原各城市煤炭消费量增长沿袭"十三五"增长态势；钢铁、焦化、水泥等主要工业产品产量及货运量保持"十三五"期间的增长速度，货运结构未发生改变，其他生产生活活动规模保持稳定；重点行业和领域污染治理保持"十三五"末的水平。

深度治理情景，为中情景方案。在此情景下，"十四五"时期汾河平原各城市煤炭消费量及钢铁、焦化、水泥等主要工业产品产量增速开始下降，同时加大新能源车辆替代力度，主要工业行业和交通碳排放达峰的时间进程和全国及山西省规划保持一致；在污染治理方面，深化燃煤锅炉淘汰和治理，推进电力行业清洁生产，钢铁、水泥、焦化行业全面实现超低排放改造，实施重点行业挥发性有机物治理、工业窑炉深度治理，淘汰老旧柴油车、工程机械和农业机械。

协同控制情景，为高情景方案。在深度治理情景基础上，汾河平原各城市持续加大主要工业产品产量增速控制力度，"十四五"时期即实现零增长或增速显著下降，进一步压降主要工业行业碳排放达峰值；加速优化能源结构，严格控制煤炭消费量，"十五五"时期实现汾河平原全域煤炭消费负增长；进一步加大新能源车替代力度，到"十六五"时期新增车辆主要为新能源车。在污染治理方面，电力、钢铁、焦化、水泥等重点行业企业全部完成超低排放改造，达到 A 级企业水平，清洁生产水平达到一级水平。

3.3.3　分阶段减排情景设计结果

3.3.3.1　基准情景

（1）产业与能源发展情景设计

根据基准情景设置原则，各市煤炭消费量增速与"十三五"期间相同，2015—2020 年汾河平原煤炭增长率达到 30%，根据基准情景设置规则，汾河平原 2025 年、2030 年、2035 年煤炭消费量将分别达到 3.1 亿 t、4.8 亿 t 和 7.9 亿 t。与此同时，主要工业产品的产量也将延续"十三五"增速大幅增加，如表 3-20、表 3-21 所示。

表 3-20 基准情景下汾河平原煤炭消费量

城市	"十三五"末 (2020 年)	年均增速/%	"十四五"末 (2025 年)/万 t	"十五五"末 (2030 年)/万 t	"十六五"末 (2035 年)/万 t
太原	3 328	25.80	4 186.6	5 266.8	6 625.6
晋中	3 328	35.30	4 502.8	6 092.3	8 242.8
运城	3 656	39.90	5 114.7	7 155.5	10 010.6
临汾	4 202	8.70	4 567.6	4 965.0	5 396.9
吕梁	5 990	99.90	11 974.0	23 936.0	47 848.2
三门峡	1 108	−44.50	1 108.0	1 108.0	1 108.0

表 3-21 基准情景下汾河平原主要工业产品产量

基准情景		城市	生铁/万 t	粗钢/万 t	钢材/万 t	水泥/万 t	焦炭/万 t	发电量/亿 kW·h
"十四五"末 (2025 年)		增速/%	11.5	11.5	7.7	7.4	5.5	7.1
	产量	太原	1 638	2 216	1 788	1 057	1 358	463
		晋中	474	487	305	445	1 738	351
		运城	2 859	3 210	2 550	713	1 828	32
		临汾	2 328	2 329	2 063	907	2 378	347
		吕梁	826	681	503	1 022	3 494	389
		三门峡	0	0	0	847	0	220
"十五五"末 (2030 年)		增速/%	11.2	11.5	7.7	7.5	5.5	7.2
	产量	太原	2 786	3 819	2 591	1 568	1 775	662
		晋中	805	840	442	660	2 271	502
		运城	4 862	5 531	3 695	1 058	2 390	46
		临汾	3 957	4 013	2 989	1 345	3 108	496
		吕梁	1 404	1 173	729	1 515	4 567	556
		三门峡	0	0	0	1 031	0	285
"十六五"末 (2035 年)		增速/%	11.2	11.5	7.7	7.6	5.5	7.2
	产量	太原	4 737	6 581	3 755	2 325	2 320	946
		晋中	1 369	1 447	641	979	2 969	717
		运城	8 266	9 532	5 355	1 568	3 123	65
		临汾	6 729	6 916	4 331	1 995	4 062	709
		吕梁	2 387	2 022	1 056	2 247	5 969	794
		三门峡	0	0	0	1 256	0	369

（2）机动车发展情景设计

机动车排放量和机动车保有量、能源结构密切相关。研究表明，汽车保有量与人均GDP密切相关，千人乘用车保有量呈现出"缓、急、缓"的"S"形发展趋势。在人均GDP较低阶段，乘用车保有量增长速度较为缓慢。人均GDP在1万~2.5万美元，保有量高速增长。人均GDP超过2.5万美元后，汽车普及率趋于饱和状态，导致保有量增长速度再次放缓。基于国际上广泛使用的Gompertz模型预测汾河平原乘用车保有量。在人均GDP达到2.5万美元之前，商用车保有量一直呈近似线性增加的趋势，在人均GDP达到2.5万美元后，商用车保有量出现了下降或者加速增长的趋势。商用客车使用增长率进行预测，商用货车利用历史上保有量增长趋势的线性函数进行预测。基于国家达峰方案和山西省人均GDP发展预测，基准情景下，汾河平原2025年、2030年和2035年乘用车人均保有量分别为249辆/10^3人、318辆/10^3人、406辆/10^3人；汾河平原商用车保有量平均年均增长约为5%。

根据国务院办公厅发布的《新能源产业发展规划（2021—2035年）》，到2025年年底前新能源车销售占比达到20%，2035年纯电动汽车成为新销售车辆的主流，公共领域用车全面电动化。因此基准情景设定新能源乘用车新车销售占比2025年、2030年、2035年分别为20%、30%、50%。此外，根据《新能源产业发展规划（2021—2035年）》，到2025年年底前公共领域用车全面新能源化；《节能与新能源汽车技术路线图2.0》预测2025年、2030年和2035年新能源商用客车销售占比分别为30%、40%、50%，新能源商用货车销售占比分别为12%、17%、20%。因此基准情景下设定新能源出租车、公交车、中大型客车、微轻型货车、中重型货车销售占比2025年分别为55%、80%、6%、10%、6%；2030年分别为95%、95%、10%、15%、8%；2035年分别为95%、95%、15%、20%、10%（表3-22）。

表3-22　基准情景下汾河平原民用汽车保有量　　　　　　　单位：万辆

城市	"十三五"末 （2020年）	"十四五"末 （2025年）	"十五五"末 （2030年）	"十六五"末 （2035年）
太原	179	229	292	373
晋中	72	91	117	149
运城	99	126	160	205
临汾	80	102	130	166
吕梁	54	69	88	112
三门峡	35	45	58	74

3.3.3.2　深度治理情景

（1）产业与能源发展情景设计

1）电力行业发展分析

根据情景设计原则，在深度治理情景下，发电量等主要产品产量的变化是依据山西省及区域内各城市相关行业发展规划确定的。本书拟首先测算山西省在规划情景下发电量等主要产品产量变化，根据各市 2020 年产量占全省比例预测汾河平原各城市中长期产品产量变化。2020 年，山西省风电、太阳能发电装机容量分别为 1 974 万 kW、1 308 万 kW（图 3-23），分别比 2015 年增长 195.1%、1 054.1%，占全国风电、太阳能发电总装机容量的 7.0%、5.2%。2020 年山西省生物质发电装机容量为 64.2 万 kW，比 2015 年增长 135%，占全国生物质总装机容量的 2.2%。根据山西省"十四五"煤炭、电力、新能源专项规划，预计到 2025 年，全省电源总装机容量达 1.68 亿 kW 左右，煤电装机容量约 8 500 万 kW 左右，风电、太阳能发电装机容量分别达到 3 500 万 kW、4 000 万 kW，新能源和可再生能源装机占比达到 40% 左右。"十五五""十六五"按"十四五"趋势预测。2020 年，汾河平原发电量占全省发电量的 31.6%，根据情景设置原则，预计 2025 年、2030 年、2035 年煤电发电量在总发电量中的比重分别为 69.2%、62.7%、52.8%，则 2025 年、2030 年、2035 年汾河平原发电量分别为 1 775 亿 kW·h、2 018 亿 kW·h、2 208 亿 kW·h（表 3-23）。

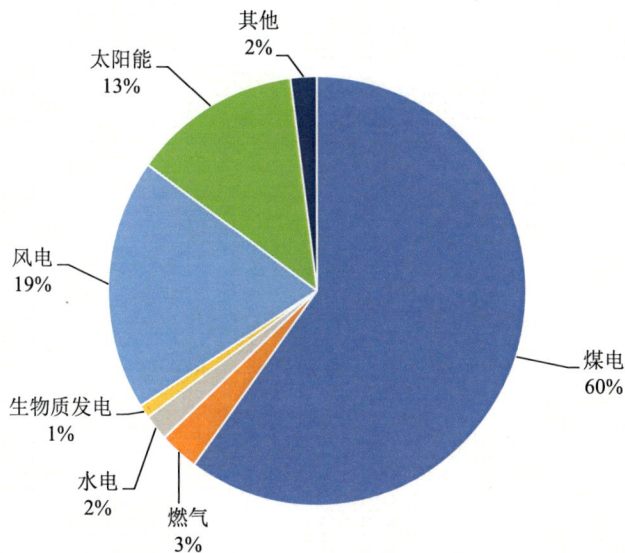

图 3-23　2020 年山西发电装机结构

表 3-23　深度治理情景下汾河平原主要工业产品产量

深度治理情景	城市	生铁/万 t	粗钢/万 t	钢材/万 t	水泥/万 t	焦炭/万 t	发电量/亿 kW·h
"十四五"末（2025 年）	增速/%	0.7	1.1	2.5	3.1	1.5	6.8
	产量 太原	997	1 356	1 398	837	1 119	457
	晋中	288	298	238	352	1 432	346
	运城	1 740	1 964	1 993	565	1 506	32
	临汾	1 416	1 425	1 612	718	1 959	342
	吕梁	503	417	393	809	2 879	384
	三门峡	0	0	0	780	0	214
"十五五"末（2030 年）	增速/%	−3.0	−3.0	−3.0	−0.5	−0.5	2.6
	产量 太原	855	1 162	1 198	797	1 090	513
	晋中	247	256	204	336	1 394	389
	运城	1 491	1 683	1 708	538	1 466	35
	临汾	1 214	1 221	1 382	684	1 907	385
	吕梁	431	357	337	771	2 802	431
	三门峡	0	0	0	828	0	265
"十六五"末（2035 年）	增速/%	−2.8	−2.8	−2.8	−0.4	−0.4	1.8
	产量 太原	741	1 007	1 038	753	1 070	552
	晋中	214	221	177	317	1 369	419
	运城	1 292	1 459	1 480	508	1 440	38
	临汾	1 052	1 059	1 197	646	1 872	414
	吕梁	373	310	292	728	2 752	464
	三门峡	0	0	0	915	0	321

2）钢铁行业发展分析

"十三五"时期以来，山西省钢铁行业发展保持稳步增长，截至 2019 年，全省粗钢产能为 7 380 万 t，粗钢产量为 6 039 万 t。根据山西省钢材产品流向，山西省生产的钢材大多数销往外地，因此山西省钢材产量将在很大程度上受到全国需求的影响。由此，设定在预测期内，山西省粗钢产量在 2023 年达到峰值。综合参照"十二五"和"十三五"期间我国单位 GDP 钢材消费系数变化情况，对未来钢材消费量及粗钢产量开展预测。参照"十二五"期间单位 GDP 钢材消费系数变化，"十四五"按照单位 GDP 钢材消费系数年均下降 4.5%计，"十五五"按年均下降 7%计；参照"十三五"期间单位 GDP 钢材消费系数变化，并综合考虑历史趋势，预计"十四五"单位 GDP 钢材消费系数年均下降 2.5%，"十五五"年均下降 6%。统筹考虑这两种预测基数，基于历史外推法，2025 年、2030 年、2035 年山西省粗钢产量分别为 7 000 万 t、6 000 万 t、5 200 万 t。2020 年，汾河平原粗钢产量占全省总产量的 78.0%，则 2025 年、2030 年、2035 年汾河平原粗钢产量分别为 5 460 万 t、4 679 万 t、4 056 万 t（表 3-23）。

3）水泥行业发展分析

依据《工业和信息化部办公厅　国家发展改革委办公厅关于严肃产能置换　严禁水泥平板玻璃行业新增产能的通知》及工信部出台的《水泥玻璃行业产能置换实施办法》要求，结合山西省社会经济发展预测及建材行业"十四五"规划，预测 2025 年、2030 年、2035 年山西省水泥和熟料产量。依据山西省建材行业规划，2025 年山西省水泥产量约为 6 000 万 t，达到产量峰值，产品产量约占全国市场份额的 2.7%。依据山西省水泥产量占全国份额由 2010 年的 1.96% 逐步增长到 2020 年的 2.27%，预计山西省水泥行业在"十四五"期间占全国市场比重稳步增长，在"十五五"和"十六五"期间占比基本持平，水泥熟料系数稳步上升。依据山西省对水泥产业产能的规划，2025 年水泥熟料产能控制在 6 300 万 t；2030 年水泥熟料产能 6 000 万 t，每 10 年递减 10%，预测山西省水泥行业水泥和水泥熟料的产品产量。预测山西省水泥和熟料产量在 2025 年达到峰值，产量分别为 6 000 万 t 和 4 446 万 t，2030 年和 2035 年，水泥和熟料的产量分别为 5 014 万 t、3 758 万 t 和 4 557 万 t、3 419 万 t。2020 年，汾河平原水泥产量占全省总产量的 52.1%，则 2025 年、2030 年、2035 年汾河平原水泥产量分别为 4 061 万 t、3 954 万 t、3 867 万 t（表 3-23）。

4）焦化行业发展分析

基于山西省统计数据，2010—2020 年，山西省焦炭产量呈波动性增长，从 2010 年的 8 476 万 t 增长到 2020 年的 10 494 万 t，产量提高 23.8%；尤其从 2015 年开始，随着我国经济社会的发展以及基础设施建设对我国钢铁产量的大量需求，山西省焦炭产量快速上涨，年均增速达到 5.5%，实现到 2020 年焦炭产量达到 10 年来历史最高点，占 2020 年全国焦炭总产量的 22.3%，产能利用率达到 87%。焦炭下游消费市场主要是用于钢铁行业冶金焦，钢铁行业的发展是影响焦炭产量的重要因素；同时，考虑到山西经济社会的发展（GDP 增速、基础设施建设等），焦炭行业也是山西省重要的经济支柱产业，结合"十四五"期间山西省焦化行业重大项目规划，采用需求法及项目法预测未来焦炭产品产量变化。预计山西焦炭产量在"十四五"期间以 1.5% 年均增速增长，到 2025 年达到顶峰，产量约为 1.13 亿 t；"十五五""十六五"期间，以 0.5% 的速率下降，预计到 2030 年、2035 年焦炭产量分别达到 1.10 亿 t、1.08 亿 t。2020 年，汾河平原焦炭产量占全省总产量的 78.7%，2025 年、2030 年、2035 年汾河平原焦炭产量分别为 8 886 万 t、8 659 万 t、

8 503 万 t（表 3-23）。

5）煤炭消费预测

在深度治理情景下，考虑到汾河平原各城市严格控制煤炭消费总量增长，实施煤炭消费等量或减量替代，其中，由于太原、运城、临汾对汾河平原 $PM_{2.5}$ 平均浓度贡献较大，对其实施煤炭消费减量替代，力争每 5 年煤炭消费总量减少 3%，其他城市煤炭消费量保持不变（表 3-23）。

（2）机动车发展情景设计

深度治理情景下，预计汾河平原 2025 年乘用车人均保有量达到 234 辆/10^3 人，2030 年为 281 辆/10^3 人，2035 年为 337 辆/10^3 人；商用车保有量增长率约为 3.7%。根据《节能与新能源汽车技术路线图 2.0》，设置深度治理情景下新能源乘用车新车销售占比 2025 年、2030 年、2035 年分别为 20%、40%、60%；2025 年新能源出租车、公交车、中大型客车、微轻型货车、中重型货车销售占比分别为 55%、80%、10%、15%、6%；2030 年分别为 95%、95%、20%、20%、10%；2035 年分别为 95%、95%、30%、30%、15%。

根据《节能与新能源汽车技术路线图 2.0》，并使用实际油耗对公告油耗进行修正，在深度治理情景下设定 2025 年、2030 年和 2035 年内燃汽车分别比 2020 年新车能耗降低 9%、21%、34%。考虑到商用车下一阶段燃油消耗标准及油耗减排技术的不确定性，深度治理情景下 2025 年、2030 年、2035 年商用客车新车能耗分别比 2020 年降低 10%、15%、20%，商用货车新车能耗分别比 2020 年降低 8%、10%、15%（表 3-24）。

表 3-24　深度治理情景下汾河平原民用汽车保有量　　单位：万辆

城市	"十三五"末 （2020 年）	"十四五"末 （2025 年）	"十五五"末 （2030 年）	"十六五"末 （2035 年）
太原	179	215	258	309
晋中	72	86	103	123
运城	99	118	142	170
临汾	80	96	115	138
吕梁	54	65	78	93
三门峡	35	42	51	61

（3）污染治理情景设置

在深度治理情景下（表 3-25），全面加大生活源、工业源、移动源治理力度。生活源方面，全面推进散煤治理和清洁取暖改造，力争到 2025 年年底实现平原地区清洁取暖全覆盖；"十五五""十六五"时期持续推进山区清洁采暖。针对工业源，到 2025 年，推进电力行业清洁生产达到国际水平；钢铁行业全面完成超低排放改造，限制类装备全面退出；焦化行业全面完成超低排放改造，4.3 m 焦炉全部完成淘汰；水泥行业全面完成超低排放改造；工业涂装、包装印刷、汽修等重点行业推广使用低 VOCs 含量的涂料和原辅材料，焦化、煤化工、工业涂装等重点行业完成 VOCs 排放治理；各类工业窑炉完成清洁能源替代或除尘脱硫脱硝设施建设，实现稳定达标排放。针对移动源，到 2025 年，全面淘汰国三及以下营运类柴油货车（含牵引车），淘汰国一及以前柴油工程机械和农业机械；"十五五"时期汾河平原基本淘汰国三及以下柴油货车，持续推进国四柴油货车淘汰，预计可淘汰国四柴油载货车辆 10 万辆以上；"十六五"时期持续推进老旧柴油货车淘汰。

表 3-25　"十四五"期间深度治理情景末端治理措施

生活源深度治理工程措施	清洁取暖改造	"十四五"期间，努力巩固"十三五"清洁取暖改造成果，防治散煤复烧，继续推进全省清洁取暖改造。实现平原地区清洁取暖全覆盖。预测清洁取暖改造 56.9 万户
工业源深度治理工程措施	电力行业	电力行业清洁生产水平达到国际先进水平
	钢铁行业	2025 年年底前，钢铁行业限制类装备全部退出，钢铁企业全面达到超低排放
	水泥行业	水泥企业 2025 年年底前完成超低排放改造［污染物排放浓度（标态）颗粒物浓度≤10 mg/m³、二氧化硫浓度≤35 mg/m³、氮氧化物浓度≤50 mg/m³］；严控行业新增产能，加强产能置换监管
	焦化行业	独立焦化企业 2025 年年底前全部完成超低排放改造，4.3 m 焦炉全部完成淘汰
	重点行业挥发性有机物治理	工业涂装、包装印刷、汽修等重点行业推广使用低 VOCs 含量的涂料和原辅材料。焦化、煤化工、工业涂装等 VOCs 管控重点行业完成 VOCs 无组织排放治理，达到《挥发性有机物无组织排放控制标准》要求
	工业炉窑深度治理	玻璃熔炉、石灰窑、砖瓦窑、耐火材料、熔剂厂熔融炉窑、各类煅烧窑、焙烧窑全面完成除尘脱硫脱硝设施建设运行，实现稳定达标排放
移动源深度治理工程措施	老旧柴油车淘汰	淘汰国三及以下营运类柴油货车，加快淘汰采用稀薄燃烧技术和"油改气"的老旧燃气车辆。"十四五"期间，汾河平原预计淘汰 6.03 万辆国三及以下柴油载货车辆
	老旧工程机械淘汰	淘汰国一及以前柴油工程机械，汾河平原预计淘汰国一及以前老旧工程机械 7 217 台
	老旧农业机械淘汰	淘汰国一及以前农业机械，根据 2021 年统计数据，2020 年汾河平原大中小型拖拉机、收割机共有 238 398 台，根据《中国移动源污染防治年报》统计，国一及以前农业机械占总量的 1/3 左右，预计"十四五"期间可淘汰 78 617 台

3.3.3.3 协同控制情景设置

（1）产业与能源发展情景设计

在协同控制情景下，汾河平原各城市进一步加大对两高行业增长的控制力度，电力、钢铁、水泥、焦化等重点工业行业与全国同步达峰，即分别为2027年、2021年、2023年、2025年前后达峰，因此各个阶段重点行业产品产量增长速率可按照国家达峰方案设计，如表3-26所示。

表3-26　协同治理情景下汾河平原主要工业产品产量

协同治理情景		城市	生铁/万t	粗钢/万t	钢材/万t	水泥/万t	焦炭/万t	发电量/亿kW·h
"十四五"末（2025年）		增速/%	−1.7	−1.2	−1.2	0.5	0.9	4.0
	产量	太原	886	1 212	1 164	731	1 087	394
		晋中	256	267	199	308	1 391	299
		运城	1 546	1 756	1 659	493	1 463	27
		临汾	1 259	1 274	1 342	627	1 903	296
		吕梁	447	373	327	707	2 796	331
		三门峡	0	0	0	713	0	207
"十五五"末（2030年）		增速/%	−2.1	−2.1	−2.1	−2.6	−3.5	3.4
	产量	太原	797	1 090	1 046	641	910	466
		晋中	230	240	179	270	1 164	353
		运城	1 390	1 579	1 492	432	1 224	32
		临汾	1 132	1 146	1 207	550	1 592	349
		吕梁	402	335	294	619	2 340	391
		三门峡	0	0	0	625	0	245
"十六五"末（2035年）		增速/%	−3.1	−3.1	−3.1	−1.7	−4.1	2.2
	产量	太原	681	931	894	588	738	520
		晋中	197	205	153	248	944	394
		运城	1 188	1 349	1 275	397	993	36
		临汾	967	979	1 031	504	1 291	390
		吕梁	343	286	252	568	1 898	436
		三门峡	0	0	0	574	0	273

在协同控制情景下，太原、运城、临汾对汾河平原PM$_{2.5}$平均浓度贡献较大，对其实施煤炭消费减量替代，力争每5年煤炭消费总量减少5%；晋中、吕梁对汾河平原PM$_{2.5}$平均浓度贡献居中，力争每5年煤炭消费量减少3%，三门峡煤炭消费量保持不变。

（2）机动车发展情景设计

在协同控制情景下，预计汾河平原 2025 年乘用车人均保有量达到 232 辆/10³ 人，2030 年为 275 辆/10³ 人，2035 年为 327 辆/10³ 人；商用车保有量增长率约为 3.5%。根据《节能与新能源汽车技术路线图 2.0》，设置协同控制情景下新能源乘用车新车销售占比同深度治理情景。协同控制情景下，对乘用车能效变化的设定同深度治理情景；但同时进一步加大商用车能效的提升，2025 年、2030 年、2035 年商用车（含混合动力车）新车能耗分别比 2020 年降低 10%、18%、25%（表 3-27）。

表 3-27　协同控制情景下汾河平原民用汽车保有量　　　　　　单位：万辆

城市	"十三五"末 （2020 年）	"十四五"末 （2025 年）	"十五五"末 （2030 年）	"十六五"末 （2035 年）
太原	179	213	253	301
晋中	72	85	101	120
运城	99	117	139	165
临汾	80	95	113	134
吕梁	54	64	76	90
三门峡	35	42	50	59

（3）污染治理情景设置

协同控制情景下，生活源治理措施同深度治理情景。针对工业源，到 2025 年，电力、钢铁、焦化、水泥等行业全面完成超低排放改造，全面淘汰限制类设备；"十五五""十六五"时期重点行业及各类工业炉窑清洁生产达到国际先进水平，工业涂装、包装印刷等涉 VOCs 排放重点行业低 VOCs 含量的涂料和原辅材料使用比例持续提升。针对移动源，2025 年年底前基本淘汰 2014 年年底前注册登记的柴油货车，2030 年年底前基本淘汰 2018 年年底前注册登记的柴油货车。

3.4　不同情景的减排潜力分析

3.4.1　减排情景下主要部门的减排潜力

基于不同情景下未来的活动水平和减排措施预测进行减排情景和排放估算，分部门梳理了主要污染物排放量的未来减排比例。

对于电力部门，深度治理情景下，到 2025 年和 2030 年区域 SO_2、NO_x 和一次 $PM_{2.5}$

排放量将比 2020 年分别增长 13.8% 和 2.9%；污染物排放量的增加主要来自用电需求的增加。到 2035 年，随着总发电量的减少、煤电占比的降低和煤电行业清洁生产水平的提高，上述几种污染物排放量将比 2020 年下降 14.1%～19.3%。协同控制情景下，到 2025 年和 2030 年，区域大气污染物排放量将比 2020 年分别增长 6.1% 和下降 4.0%；虽然电力需求持续增长，但由于清洁能源发电比例的提升和煤电行业清洁生产水平的提高，到 2035 年，大气污染物排放量将比 2020 年减少 15.5%～20.6%。

对于冶金行业，深度治理情景下，到 2025 年，区域 SO_2、NO_x 和一次 $PM_{2.5}$ 排放量将比 2020 年分别减少 34.7%、49.7% 和 54.8%，减排主要来自超低排放改造。此后，以上几种污染物排放量持续下降，到 2035 年，将比 2020 年分别减少 61.6%、71.5% 和 78.3%。协同控制情景下，到 2025 年，区域 SO_2、NO_x 和一次 $PM_{2.5}$ 排放量将比 2020 年分别减少 40.2%、52.1% 和 58.6%，到 2035 年，以上几种污染物排放量将比 2020 年分别减少 68.2、77.3% 和 83.6%。在 2025 年以前，减排主要来自超低排放改造工程，2025 年以后，钢铁行业进一步提高清洁生产水平，同时产量下降到 2020 年的 30% 左右，造成减排量持续加大（表 3-28）。

表 3-28　汾河平原不同情景下钢铁行业大气污染物及 CO_2 减排比例　　单位：%

情景	SO_2	NO_x	VOCs	$PM_{2.5}$	CO_2
2025 年基准情景	−70.0	−70.0	−70.0	−70.0	−72.3
2025 年深度治理情景	34.7	49.7	19.6	54.8	3.6
2025 年协同控制情景	40.2	52.1	26.4	58.6	11.3
2030 年基准情景	−87.9	−50.7	−131.3	−30.1	−197.0
2030 年深度治理情景	46.8	58.2	42.4	64.5	23.3
2030 年协同控制情景	50.4	61.0	46.3	66.9	−28.0
2035 年基准情景	−194.9	−131.7	−219.5	−96.6	−411.8
2035 年深度治理情景	61.6	71.5	57.7	78.3	41.1
2035 年协同控制情景	68.2	77.3	64.7	83.6	45.6

对于建材行业，深度治理情景下，到 2025 年，区域 SO_2 和一次 $PM_{2.5}$ 排放量将比 2020 年分别减少 11.9% 和 17.8%，减排主要来自水泥、玻璃等行业超低排放改造；NO_x 排放将比 2020 年增加 5.7%，主要是由于产品产量的增加。随着主要产品产量的下降和清洁生产水平的提高，到 2035 年，区域 SO_2、NO_x 和一次 $PM_{2.5}$ 将比 2020 年分别减少 26.0%、30.0% 和 31.3%。协同控制情景下，由于控制熟料产量增长速度，到 2025 年，区域 SO_2、NO_x 和一次 $PM_{2.5}$ 将比 2020 年分别减少 23.1%、7.7% 和 28.2%，与深度治理情景一致，减排主要来自水泥、玻璃等行业超低排放改造；随着建材行业达峰后，

产量迅速下降，到 2035 年，区域 SO_2、NO_x 和一次 $PM_{2.5}$ 排放量将比 2020 年分别减少 46.4%、49.5%和 50.5%（表 3-29）。

表 3-29　汾河平原不同情景下建材行业大气污染物及 CO_2 减排比例　　　单位：%

情景	SO_2	NO_x	VOCs	$PM_{2.5}$	CO_2
2025 年基准情景	−48.3	−48.3	−48.3	−48.3	−43.0
2025 年深度治理情景	11.9	−5.7	−11.6	17.8	−11.5
2025 年协同控制情景	23.1	7.7	2.6	28.2	1.8
2030 年基准情景	−64.9	−97.9	−108.9	−10.0	−53.9
2030 年深度治理情景	21.7	4.9	−6.3	27.3	4.7
2030 年协同控制情景	37.1	23.6	14.6	41.6	24.4
2035 年基准情景	−128.3	−177.2	−209.8	−112.0	−197.2
2035 年深度治理情景	26.0	30.0	3.3	31.3	12.0
2035 年协同控制情景	46.4	49.5	28.7	50.5	34.5

对于焦化行业，深度治理情景下，到 2025 年，区域 SO_2、NO_x、VOCs 和一次 $PM_{2.5}$ 排放量将比 2020 年分别减少 35.4%、35.4%、35.4%和 51.5%，减排主要来自超低排放改造。此后，以上几种污染物排放量持续下降，到 2035 年，将比 2020 年分别减少 53.7%、53.7%、69.1% 和 69.5%。协同控制情景下，到 2025 年，区域 SO_2、NO_x、VOCs 和一次 $PM_{2.5}$ 排放量将比 2020 年分别减少 37.3%、37.3%、37.3%和 52.9%，到 2035 年，以上几种污染物排放量将比 2020 年分别减少 71.6%、71.6%、82.3%和 82.5%。在 2025 年以前，减排主要来自超低排放改造工程，2025 年以后，焦化行业进一步提高清洁生产水平，同时产量逐步下降，造成减排量持续加大（表 3-30）。

表 3-30　汾河平原不同情景下焦化行业大气污染物及 CO_2 减排比例　　　单位：%

情景	SO_2	NO_x	VOCs	$PM_{2.5}$	CO_2
2025 年基准情景	−30.7	−30.7	−30.7	−30.7	−30.7
2025 年深度治理情景	35.4	35.4	35.4	51.5	−3.2
2025 年协同控制情景	37.3	37.3	37.3	52.9	−0.2
2030 年基准情景	−2.5	−2.5	−2.5	23.1	−70.8
2030 年深度治理情景	42.3	42.3	52.8	58.1	3.9
2030 年协同控制情景	51.9	51.9	60.6	65.0	19.8
2035 年基准情景	−22.8	−22.8	−0.5	10.7	−123.2

情景	SO_2	NO_x	VOCs	$PM_{2.5}$	CO_2
2035 年深度治理情景	53.7	53.7	69.1	69.5	9.9
2035 年协同控制情景	71.6	71.6	82.3	82.5	37.9

对于移动源，在深度治理情景下，到 2025 年，区域 SO_2、NO_x、VOCs 和一次 $PM_{2.5}$ 将比 2020 年分别增加 2.6%（机动车数量增加因素）和减少 19.4%、10.5%和 6.2%，到 2035 年，区域 SO_2、NO_x、VOCs 和一次 $PM_{2.5}$ 排放量将比 2020 年分别下降 2.1%、34.7%、20.7%和 18.6%。协同控制情景下，由于新能源车比例的提升，到 2035 年，区域 SO_2、VOCs 和一次 $PM_{2.5}$ 排放量将比 2020 年分别下降 15.7%、47.3%、35.0%和 31.5%（表 3-31）。

表 3-31 汾河平原不同情景下移动源大气污染物及 CO_2 减排比例　　　　单位：%

情景	SO_2	NO_x	VOCs	$PM_{2.5}$	CO_2
2025 年基准情景	−13.4	−14.2	−17.7	−11.4	−22.1
2025 年深度治理情景	−2.6	19.4	10.5	6.2	−5.5
2025 年协同控制情景	−2.1	20.2	11.0	6.5	−4.7
2030 年基准情景	−19.4	5.7	−8.1	−6.6	−46.8
2030 年深度治理情景	−4.5	22.9	13.3	11.8	−2.9
2030 年协同控制情景	2.3	29.5	20.4	18.2	−1.4
2035 年基准情景	−24.6	8.8	−7.1	−2.3	−69.3
2035 年深度治理情景	2.1	34.7	20.7	18.6	6.5
2035 年协同控制情景	15.7	47.3	35.0	31.5	8.3

对于人为源 VOCs 排放，在深度治理和协同控制情景下，到 2025 年化工、工业涂装、油气储运等主要行业排放量将比 2020 年减少 20%～40%；到 2035 年，上述几个行业 VOCs 排放量将比 2020 年分别减少 40%～75%。

根据分行业主要污染物排放量的减排比例估算结果，分析汾河平原区域的减排潜力。总体来看，在深度治理情景下，到 2035 年，区域 SO_2、NO_x、VOCs 和一次 $PM_{2.5}$ 排放量将比 2020 年分别减少 42.6%、35.4%、55.2%和 53.3%；在协同控制情景下，到 2035 年，上述几种污染物排放量将比 2020 年分别减少 47.4%、45.7%、64.2%和 58.5%（图 3-24）。事实上由于估算方法的限制，通过加强管理带来的减排量，以及未来进一步技术创新所带来的减排量都没有在计算中得以体现，因此，这里的减排比例是相对保守的。

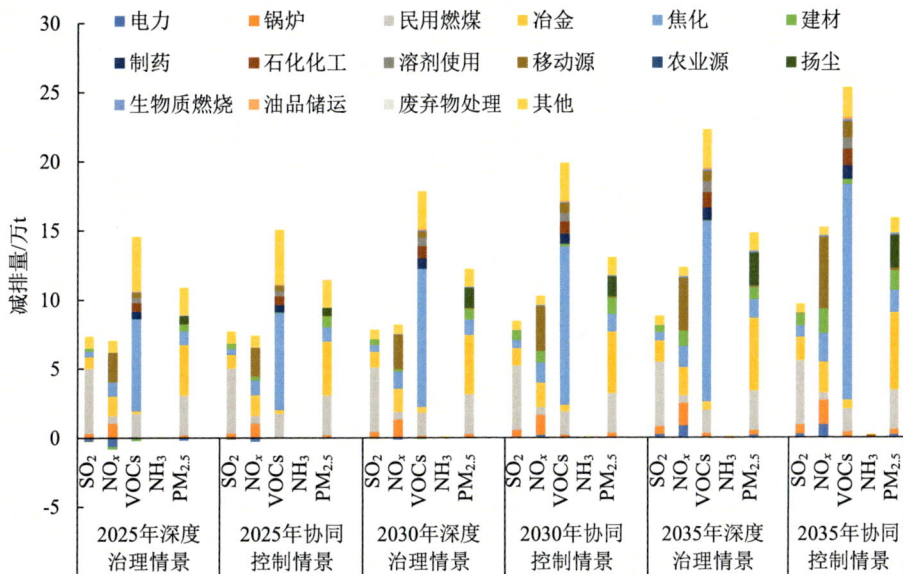

图 3-24　不同情景下分行业大气污染物减排量

3.4.2　区域内各城市减排潜力分析

使用上述方法，测算得到 2025 年、2030 年和 2035 年不同情景下各城市主要大气污染物及 CO_2 量与 2020 年相比的减排比例（表 3-32～表 3-37）。

表 3-32　太原市不同情景下大气污染物及 CO_2 减排比例　　单位：%

情景	SO_2	NO_x	VOCs	$PM_{2.5}$	CO_2
2025 年基准情景	−26.4	−28.5	−15.2	−11.6	−50.5
2025 年深度治理情景	18.7	23.9	29.9	17.1	−5.1
2025 年协同控制情景	22.4	26.6	30.9	18.6	2.9
2030 年基准情景	−33.7	−14.9	−10.0	−4.9	−130.3
2030 年深度治理情景	25.9	31.2	43.5	28.7	6.2
2030 年协同控制情景	31.1	37.7	47.7	30.5	13.7
2035 年基准情景	−62.8	−34.8	−16.0	−6.3	−258.6
2035 年深度治理情景	36.7	41.7	57.3	41.8	21.5
2035 年协同控制情景	42.6	51.9	66.2	43.7	26.9

表 3-33　晋中市不同情景下大气污染物及 CO_2 减排比例　　　单位：%

情景	SO_2	NO_x	VOCs	$PM_{2.5}$	CO_2
2025 年基准情景	−18.0	−19.9	−19.4	−3.5	−39.6
2025 年深度治理情景	43.2	17.8	29.9	29.5	−8.6
2025 年协同控制情景	46.1	20.1	31.5	29.8	−1.1
2030 年基准情景	−23.7	−11.2	1.2	8.1	−97.7
2030 年深度治理情景	47.4	24.0	44.4	39.5	−1.8
2030 年协同控制情景	51.3	30.7	49.6	40.1	6.9
2035 年基准情景	−41.9	−23.2	1.7	15.4	−184.0
2035 年深度治理情景	52.7	42.7	58.4	53.3	12.2
2035 年协同控制情景	57.7	53.5	68.2	54.9	18.4

表 3-34　临汾市不同情景下大气污染物及 CO_2 减排比例　　　单位：%

情景	SO_2	NO_x	VOCs	$PM_{2.5}$	CO_2
2025 年基准情景	−23.3	−28.1	−29.5	−31.4	−12.9
2025 年深度治理情景	46.3	23.1	28.7	40.3	43.8
2025 年协同控制情景	49.1	26.4	31.0	42.4	45.6
2030 年基准情景	−28.4	−13.6	−19.3	−4.8	−15.0
2030 年深度治理情景	50.6	28.7	42.7	49.4	47.2
2030 年协同控制情景	54.9	36.4	49.3	52.3	49.7
2035 年基准情景	−57.4	−29.3	−29.5	−26.1	−26.5
2035 年深度治理情景	57.2	36.9	55.9	62.6	52.4
2035 年协同控制情景	63.2	49.5	67.2	67.6	56.1

表 3-35　吕梁市不同情景下大气污染物及 CO_2 减排比例　　　单位：%

情景	SO_2	NO_x	VOCs	$PM_{2.5}$	CO_2
2025 年基准情景	−22.8	−25.4	−25.2	−36.0	−40.8
2025 年深度治理情景	46.0	21.8	32.9	39.1	−7.9
2025 年协同控制情景	48.6	22.9	35.0	43.2	−0.4
2030 年基准情景	−25.7	−21.6	−7.4	−26.5	−100.9
2030 年深度治理情景	51.0	27.2	47.2	46.6	0.1
2030 年协同控制情景	54.7	34.6	53.6	51.4	9.7

情景	SO$_2$	NO$_x$	VOCs	PM$_{2.5}$	CO$_2$
2035 年基准情景	−53.3	−43.8	−10.8	−60.8	−191.0
2035 年深度治理情景	57.5	37.3	60.8	55.9	13.4
2035 年协同控制情景	62.3	47.8	71.7	62.3	21.9

表 3-36　运城市不同情景下大气污染物及 CO$_2$ 减排比例　　单位：%

情景	SO$_2$	NO$_x$	VOCs	PM$_{2.5}$	CO$_2$
2025 年基准情景	−24.5	−25.6	−20.3	−26.7	−65.8
2025 年深度治理情景	40.7	18.6	31.9	39.1	1.3
2025 年协同控制情景	43.4	22.0	33.5	40.9	9.1
2030 年基准情景	−25.6	−21.3	−4.0	−2.1	−176.8
2030 年深度治理情景	46.4	26.7	45.2	48.3	19.2
2030 年协同控制情景	50.0	32.8	50.0	50.7	25.9
2035 年基准情景	−54.8	−41.5	−5.9	−20.3	−365.0
2035 年深度治理情景	53.5	43.0	57.7	57.3	35.5
2035 年协同控制情景	59.4	51.2	66.7	62.5	42.6

表 3-37　三门峡市不同情景下大气污染物及 CO$_2$ 减排比例　　单位：%

情景	SO$_2$	NO$_x$	VOCs	PM$_{2.5}$	CO$_2$
2025 年基准情景	−31.5	−28.9	−17.1	−41.9	−19.3
2025 年深度治理情景	20.2	7.8	9.9	32.4	−11.6
2025 年协同控制情景	27.1	14.5	13.9	37.6	−3.4
2030 年基准情景	−42.8	−42.4	−24.7	−27.3	−42.4
2030 年深度治理情景	27.7	16.1	17.0	41.6	−26.2
2030 年协同控制情景	37.5	27.6	24.7	48.3	3.7
2035 年基准情景	−80.6	−77.6	−47.0	−68.4	−69.9
2035 年深度治理情景	34.0	37.1	28.5	52.0	−37.9
2035 年协同控制情景	45.9	48.2	38.8	61.3	12.8

3.4.3　PM$_{2.5}$污染改善潜力

　　基于核算的各城市污染减排潜力，同时假定外来源同步减排，则根据模型模拟结果，基准情景下 2025 年、2030 年、2035 年汾河平原 6 个城市 PM$_{2.5}$ 年均浓度均有所反弹；但深度治理、协同控制等 2 种控制情景下 2025 年、2030 年、2035 年 PM$_{2.5}$ 年均浓度相比 2020 年下降比例较大，2035 年深度治理、协同控制等 2 种控制情景下汾河平原 6 个城市 PM$_{2.5}$ 年均浓度全部实现达标（表 3-38）。考虑社会经济可行性，本书选择深度治理情景作为汾河平原空气质量改善中长期路线图的控制情景，在此情景下，2025 年、2030 年、2035 年汾河平原 PM$_{2.5}$ 平均浓度分别为 38 μg/m³、33 μg/m³、30 μg/m³，可以实现区域分阶段目标（41 μg/m³、34 μg/m³ 和 31 μg/m³）。从城市尺度来看，除了三门峡外，其他 5 个城市在控制情景下均能实现各阶段空气质量目标；三门峡由于受外来传输影响较大，需进一步加大本地源减排力度，才能实现 2035 年 PM$_{2.5}$ 年均浓度 31 μg/m³ 的目标（图 3-25）。

表 3-38　控制情景（深度治理情景）实施后汾河平原及各城市 PM$_{2.5}$ 年均浓度　　单位：μg/m³

情景	太原	晋中	运城	临汾	吕梁	三门峡	汾河平原
2025 年控制情景	40	36	37	41	32	43	38
2030 年控制情景	35	30	33	37	27	38	33
2035 年控制情景	31	27	30	33	25	33	30

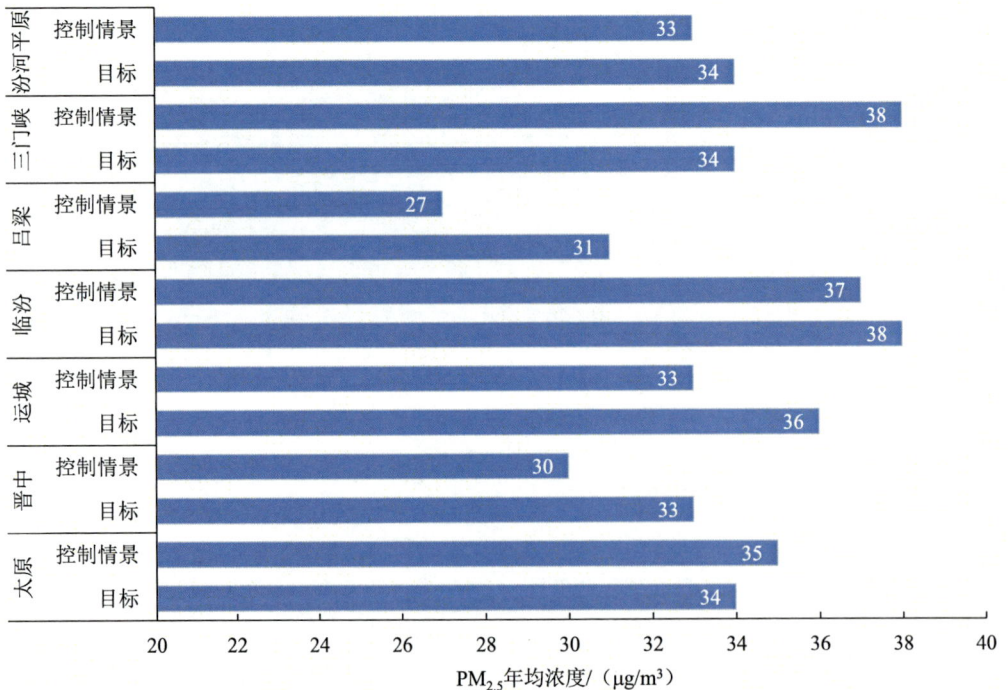

图 3-25　2035 年汾河平原及区域内各城市 PM$_{2.5}$ 年均浓度目标的可达性

4

区域大气污染联防联控机制

4.1 大气污染联防联控理论基础

4.1.1 空气流域理论

大气是一个整体，并没有阻止空气流通的边界。但是，从某地污染源排向大气的污染物，并不会立刻在全球均匀混合，一般只污染局部地区的空气。类似于空气中存在"空气分水岭"（shed），将大气分割为多个彼此相对孤立的气团，这些气团笼罩下的地理区域，就叫"空气流域"。"空气流域"的边界往往与行政边界不一致，这是因为污染物并不遵守行政边界，而是在更广阔的空气流域内自由混合。

4.1.2 区域公共品理论

公共品是指在消费上同时具有非排他性和非竞争性的产品，区域公共品是根据公共品的外溢性范围而划分出来的一种公共品类型。根据外溢性的不同，又可将区域公共品划分为国家或地区间区域公共品和一国范围内区域公共品。大气环境容量资源具有区域公共品的共同特点，即消费上的非排他性或非竞争性。区域内任何城市都可消费整个区域内的大气环境容量资源，这种效用和受益不能划分为若干部分分别归属于某个城市。由于相邻城市之间在地理上的相互联系，因此很多本来用于某个城市的大气环境容量资源在行政边界等相邻区域产生外部性，从而不可避免地成为区域公共品。如果不从区域全局出发，只考虑单个城市的利益，则大气环境容量这种区域公共品的效能和效率会大打折扣，最终影响整个区域共同利益的实现[6]。

4.1.3　合作博弈的"囚徒困境"理论

可以用博弈理论研究单个城市的大气污染防治行动以及相互之间的冲突、协调和合作关系。如果将城市看作对弈者，则由对弈者之间的协调程度，可将区域大气污染防治分为合作博弈和非合作博弈。合作博弈是指区域范围内所有城市之间有着一个对各方均有约束力的协议，参与城市在协议范围内进行博弈。反之，就是非合作博弈。在现实中，更为普遍的是建立在单个城市行为理性基础上的"非合作博弈"，城市之间的大气污染防治缺乏协调，各自为政，产业结构趋同，导致恶性无序竞争、资源浪费严重、污染严重。"囚徒困境"是非合作博弈的一个典型例子，说明了个体理性与集体理性有时并不一致。

4.1.4　合作博弈理论

合作博弈是可以达成具有约束力的协议的博弈类型。合作博弈也称为正和博弈，是指博弈双方的利益都有所增加，至少是一方的利益增加、另一方的利益不受损害，因此整个社会的利益有所增加，属于帕累托改进的过程。合作博弈采取的是一种合作的方式，或者说是一种妥协，这种方式能够产生一种合作剩余。合作剩余如何在博弈各方之间进行分配，必须经过博弈各方的协商，才能达成共识、进行合作。倘若区域内某一城市为改善区域整体大气环境质量而牺牲部分经济利益，区域大气污染联防联控的实现必须配套相应的补偿机制。

4.2　大气污染联防联控体制机制研究及实践进展

4.2.1　体制机制研究进展

相关学者对大气污染联防联控的管理模式[7,8]、法律机制[9-13]、数据共享[14,15]、实施路径[16-18]等进行了大量研究。宁淼等对国内外大气污染联防联控模式进行了系统梳理，认为区域联防联控的管理模式分为两大类：第一，纵向机构的管理模式，即设定自上而下的机构层级通过行政手段实现区域合作；第二，横向机构的协作模式，即自发行动，签订减排协议通过利益协商实现区域合作[7]。长期来说，纵向机构的管理模式，有利于区域空气质量管理机制和环保工作的长效化、制度化。设立跨行政区的管理机构虽然是一个比较有效的方法，但是在短期内难以建立；短期内以最小制度成本取得最优治理效果的方式是行政区之间的合作、协同努力解决跨界污染；区域环境协商是现阶段适用于我国区域空气质量管理的最佳模式。宋金华和李洁认为，区域内立法差异、各地发展不平衡、信息不通畅、区域联动监督薄弱等问题导致政府间合作缺乏信任，影响联防联控机制的有效实施[10]。因此，建立空气质量数据库和共享平台，完善协同立法机制等方式来促进各地政府的积极性，才能进一步完善大气污染联防联控机制。田露和李昭莹通过研究陕西省汉中市大气联防联控的主要做法及成果，分析了产生大气污染的主要原因及当前存在的客观问题，最终提出建立健全网格化监管体系、协调地方政企关系等方面的具体建议[14]。杨芙蓉等以黔江区为例，进行了研究分析，研究表明，因共享数据的不足，让政府之间的联防联控工作停留在了文件层面，而在实际操作过程中缺乏考量，让治理工作的推动变得困难；因此针对政府部门间合作方面提出要加强部门协调配合，进一步强化互相之间的信息交流，提出了建立联合执法机制、区域联席会议制度等建议[15]。孙永旺等表示，大气污染联防联控的一个优点是能够实现各地资源共享；在联防联控过程中必须增强多部门间的信息互通，共同制定大气污染治理方案，建立起信息网络，从而提高治理效果[17]。王圣和雷宇认为，从管理角度来看，大气污染联防联控主要有以下几方面的责任，即不同省级政府部门的主导责任、作为主体部门环保机构自身的主体责任、政府内不同部门的协同责任、社会各界的监督责任；联防联控最大的问题就是区域同级政府之间互相依赖，缺乏责任感，难以形成合力，同时相关约束力和监督不足；各地政府之间应加强协作，出台配套方案和实施意见，建成协作机制[18]。

4.2.2　我国大气污染联防联控实践进展

我国区域联防联控最早的实施案例，是在二氧化硫和酸雨控制地区实施分区域管理。1996 年，国务院颁布《关于环境保护若干问题的决定》和《国家环境保护"九五"计划和 2010 年远景目标》，提出划定酸雨控制区和二氧化硫污染控制区（以下简称"两控区"）的要求。1998 年国务院颁布《关于酸雨控制区和二氧化硫污染控制区有关问题的批复》（国函〔1998〕5 号），明确了"两控区"的划定范围、控制目标和控制要求等[19]。

2010 年，环境保护部等 9 部委为有效应对我国区域性复合型大气污染特征逐渐显现的问题，制定并印发《关于推进大气污染联防联控工作改善区域空气质量的指导意见》，该指导意见明确提出了应尽早采取联防联控的措施来解决区域性大气污染问题的思路，并首次提出建立统一规划、统一监测、统一监管、统一评估、统一协调的区域大气污染联防联控工作机制[20]。

2013 年 9 月，国务院发布"大气十条"，首次提出到 2017 年，京津冀及周边、长三角、珠三角等区域 $PM_{2.5}$ 浓度较 2013 年分别下降 25%、20%、15%左右，标志着我国大气污染治理进程正式进入质量管理的新阶段，并将"建立区域协作机制，统筹区域环境治理"作为实现空气质量目标的重要措施。2015 年，大气污染联防联控工作机制正式纳入新修改的《中华人民共和国大气污染防治法》，标志着我国区域联防联控实践中的工作机制以法律形式进一步固化[21]。

2018 年 6 月，国务院发布《关于打赢蓝天保卫战三年行动计划的通知》，进一步聚焦京津冀及周边、长三角、汾渭平原三大重点区域联防联控。为深入推进京津冀协同发展，提升综合治污能力，2018 年 7 月国务院办公厅印发《关于成立京津冀及周边地区大气污染防治领导小组的通知》，标志着由国务院副总理担任组长的京津冀及周边地区大气污染防治领导小组正式成立，同时设立了京津冀及周边地区大气环境管理机构；新增建立汾渭平原大气污染防治协作机制的要求，并将其纳入京津冀及周边地区大气污染防治领导小组统筹；继续发挥长三角大气污染防治协作小组作用。区域协作结构的主要职责包括区域大气污染防治目标和方案的确定、重点产业发展规划制定、重大减排措施实施、区域重污染天气联合应对等方面。

党的十九届四中全会将完善污染防治区域联动机制作为坚持和完善生态文明制度体系的重要内容。2019 年 10 月，党的十九届四中全会通过《中共中央关于坚持和完善中国特色社会主义制度　推进国家治理体系和治理能力现代化若干重大问题的决定》，提出实施"最严格的生态环境保护制度"，完善污染防治区域联动机制是其中的重要内容之一。2020 年 3 月，中共中央办公厅、国务院办公厅印发了《关于构建现代环境治理体系的指导意见》，在健全环境治理监管体系中提出，推动跨区域跨流域污染防治联防联控。污染防治联防联控已成为构建现代环境治理体系的重要工作。

按照党中央、国务院的统一部署，在充分借鉴北京奥运会、上海世博会等空气质量保障成功经验的基础上，我国先后建立了京津冀及周边、长三角、珠三角等三大重点区域大气污染防治协作机制，建立了信息共享、预警预报、应急联动、环评会商、联合执法、联席会议等工作制度，同时组织开展区域大气污染传输影响机制研究，推进区域大气污染联防联控的科学决策（图 4-1）。

4.3　汾河平原大气污染联防联控的现状与存在的问题

4.3.1　区域大气污染联防联控现状

目前，山西省 11 市中，太原、长治、晋城、阳泉 4 市属京津冀及周边联防联控区域，晋中、吕梁、临汾、运城 4 市属汾渭平原联防联控区域，参与国家的京津冀及周边区域及汾渭平原区域的联防联控行动。在山西省内部，2016 年开始实施应对重污染天气调度令制度，即重污染天气应急预警一般由市级发布，但在可能发生区域性重污染时，由省级调度相关城市区域联动，统一应对。

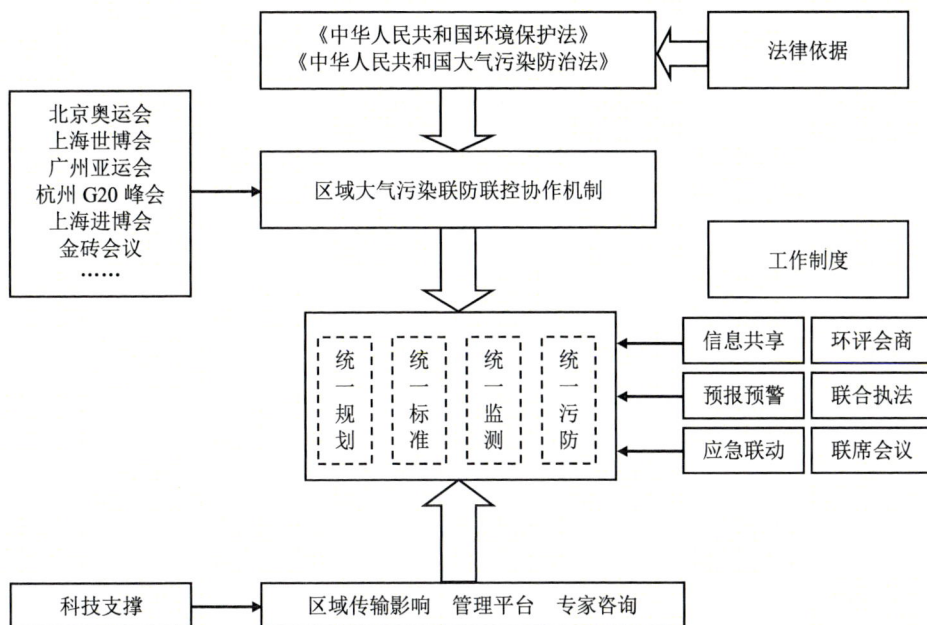

图 4-1　区域大气污染联防联控协作机制

　　2019 年,山西省借鉴国家大气污染防治重点区域经验,印发了《太原及周边区域(1+30)大气污染联防联控方案》,开始实施太原及周边"1+30"联防联控。重污染期间,在省秋冬季大气攻坚指挥部的统一调度下,太原及周边"1+30"区域各县(市)党委、政府主要领导现场指挥,各部门联动执法,强化散煤、工业企业、施工工地、重型柴油货车等管控,全力应对重污染天气过程,实现污染物最大限度"削峰降速"。

4.3.2　区域大气联防联控存在的问题

　　缺乏科学开展区域联防联控的技术支撑。大气污染是本地贡献和区域传输叠加作用的结果,目前对汾河平原各城市及其与汾河平原外其他城市之间的污染传输规律缺乏系统定量研究,也未对影响汾河平原区域空气质量的重点地区、重点污染物和重点行业进行科学甄别,这导致无法科学精确地划定汾河平原大气污染联防联控的空间范围,也无法对区域内不同地区、不同行业采取差异化联防联控策略,科学开展联防联控缺乏技术支撑。应结合汾河平原及周边地区地形、气象、环境空气质量现状、污染物传输特征、污染源分布特征等因素,科学划定汾河平原及周边联防联控区域;综合考虑汾河平原大气污染的空间、行业及前体物来源,制定融合区域的不同城市差异化联防联控策略。

　　未形成跨区域常态化联防联控机制。汾河平原包括山西省太原、临汾、吕梁、晋中、运城以及河南省三门峡,涉及山西省、河南省两个省份,目前省级之间未形成跨区域常态化联防联控合作模式，大气污染防治各自划地为政。山西省 5 个城市之间也未形成常态化联防联控机制，特别是联动内容、联动措施、联动执法等长效机制均不完善；目前城市协作的重点，主要是重污染天气应急联动和重大活动保障等短期污染应对，虽在短时间内取得较好效果，但这种受上级政府直接干预下的应对型和"运动式"的政策协调难以持续。如晋中盆地的孝义、汾阳等县属吕梁市，由于与吕梁市区之间有吕梁山阻隔，其大气污染物排放对吕梁市区影响相对较小，对处于同一盆地内的晋中、太原市区影响相对较大，大气污染管控的统筹安排仍面临较大困难。

区域间重污染天气应急体系建设仍不健全。针对重污染天气应对，山西省建立了统一调度机制，太原、临汾、吕梁、晋中、运城按照统一的预警分级标准，启动重污染天气应急预案，开展重污染天气应急联动。虽然各城市均按照重点行业绩效分级标准，制定了重污染天气应急减排措施清单，响应应急减排措施，但各城市在水泥、钢铁、铸造、化工等高排放行业的调控力度不完全相同，对 VOCs 综合治理、"散乱污"企业综合整治、秸秆露天焚烧、重点行业清洁生产改造等方面有不同的要求。从汾河平原整个区域来看，在重污染天气应急方面，还需加强省、市、县和企业 4 级重污染天气应急体系建设，建立健全各地方政府协商机制，明确联防联控各方消除重污染的应急减排责任，确定区域不同城市应急减排目标及任务，加强区域应急联动。

4.4 汾河平原大气污染联防联控区域的划定

汾河平原 6 市被吕梁山、太岳山、中条山等山体分隔，空间上包含了不同的大气扩散单元；此外，根据第 2 章汾河平原 $PM_{2.5}$ 和 O_3 污染物来源解析的结果，汾河平原及其6 城市还受到河北、河南、山西、陕西等省份临近城市的传输影响，因此需科学合理划定开展联防联控的空间范围。

4.4.1 联防联控区域划定方法

4.4.1.1 现有主要划定方法

目前，确定联防联控区域范围的方法主要有 3 种。一是基于大气污染特征或者空气中某种污染物的污染程度划分，如我国针对酸雨和 SO_2 污染问题提出的酸雨控制区和SO_2 控制区。综合考虑降水 pH、硫临界负荷，划定酸雨控制区范围；综合考虑 SO_2 浓度以及经济发展因素，划定 SO_2 控制区的具体控制范围。二是基于空气流域理论。如加利福尼亚州空气资源委员会（CARB）基于影响空气污染的地形、气象条件，同时考虑便于行政管理的因素，将加利福尼亚州地区划分为 15 个空气盆地，而后在空气盆地的基础之上划分出了 35 个空气质量控制区。三是在空气流域基础上，综合考虑传输影响、污染源分布等多种因素的联防联控区域划定方法，如我国台湾地区"环保署"于1993年起开始规划空气质量管理区的划分方式，考虑地形、气候、气象条件、扩散传输情形、污染源排放分布、各地空气质量监测站分布因素，将可能存在污染传输影响的一个或多个县（区、市）划为同一空气质量区，将我国台湾地区划分为七大区，依据各个分区的污染特性及经济发展特性，配合行政管制策略，采用因地制宜的管制措施，以此推动区域性空气质量管理计划。

前两种方法都有各自的缺点。以污染严重性作为区域划分标准过分关注污染物的表面特征，将超过一定污染水平的所有区域归入同一大气联防联控区，而未考虑影响空气污染分布的因素。结果容易导致所定义的范围对于联防联控政策制定没有意义。例如，根据《中华人民共和国大气污染防治法》，将降雨 pH≤4.5 的地区划入酸雨和 SO_2 的"两控区"，涉及全国27个省（区、市）的175个城市，占全国国土面积的11.4%。由于涉及省份较多，很难在如此大的区域实施大气联防联控战略。基于空气流域的划分方法在科学上来说更为合理，但实际使用时仍存在问题。不同于水流域，空气存在强烈的垂直输送，严格来说不存在明确的界线。在空气流域的理论框架内，近年来，随着污染源清单的不断完善和计算能力的提升，可以模拟分析不同地区间的传输影响，并将相互影响大的区域划分为联防联控区域。第三种综合各种因素的联防联控区域划分方法较为合理。我国台湾地区"环保署"在管理分区划定的基础上，分别对各个分区进行对应的时空特性分析、污染事件气象及空气质量分析、排放特性研究、前体物排放特性对臭氧影响研究、气溶胶模式模拟研究，并探讨分区外长距离传输影响、不同分区间传输影响、重要污染源影响及未来增量影响等，这也推进了后续我国台湾地区空气质量的不断改善。但采用该方法需明确核心关注区域，本书应以汾河平原6个城市作为核心关注区域。

4.4.1.2　本书划定方法

（1）联防联控区域划定原则

总结借鉴国内外空气质量分区管理经验和以往的区划研究工作，汾河平原联防联控区域的划定中需要综合考虑大气污染态势、地形、气候气象、污染排放以及经济社会发展状况等各项因素，可提出以下联防联控区域划分的原则。

一是相互影响显著性原则。从地形来看具有明显的连通性，或虽然存在地形阻隔，但模式模拟结果显示仍有较强的相互影响的地区，划为联防联控区域。

二是空气污染相似性原则。考虑区域内空气污染程度、污染物排放强度及重点排放源分布的相似性，将涉气污染企业数量密集分布、污染物排放强度大、空气质量较差的地区纳入联防联控，利用联防联控契机实现共同改善。

三是协调性原则。在划定联防联控区域过程中，既要关注空气污染的现状，也要考虑到人口密度、经济发展、行政管理等因素，同时应协调已划定的城市群发展规划区。

四是等级性原则。为了更好地体现联防联控区域内不同城市对汾渭平原影响的差异性，考虑将整个联防联控区域划分为核心控制区和外围拓展区，从而实现差异性管理和污染防治措施。

（2）联防联控区域划定指标体系及评分方法

在整体划定汾河平原联防联控区域范围时，主要依据传输影响程度指标；在确定汾河平原联防联控区域范围基础上，依据地形连通性、空气质量变化的时间相关性、污染物排放强度、大气环境容量超载率等指标综合打分情况，将整个联防联控区域进一步划分为核心控制区和外围拓展区。

1）传输影响程度

传输影响程度是指某城市大气污染物排放对另一城市空气污染程度的贡献率。本书采用 MEIC 人为源清单、汾河平原城市排放清单及 MEGAN 天然源清单，通过 CMAQ 的 ISAM 技术量化汾河平原大气 $PM_{2.5}$ 和 O_3 的空间贡献，详见第 2 章。城市之间传输影响越显著，越应实施联防联控。

2）地形连通性

地形连通性指标用于表征影响空气污染扩散地形条件的相似性。考虑采用定量方法评价区域间地形上的连通性较为困难，本书将位于汾河河谷平原的区县视为具有地形连通性。对于处于汾河谷地的区县，由于受山脉阻挡，大气污染扩散条件较差，应该予以重点管控。该指标满分 30 分，建成区位于盆地地区的区县，得 30 分，不在盆地地区的区县得 0 分。

3）空气质量变化的时间相关性

该指标通过两地 2019—2021 年秋冬季 $PM_{2.5}$ 浓度随时间变化的相关系数表征，即计算任意两地间的 $PM_{2.5}$ 浓度的皮尔逊相关系数，该系数越接近 1，表明两地空气质量变化的时间相关性越强。

$$r = \frac{\sum\limits_{t=1}^{n}(X_t - \bar{X})(Y_t - \bar{Y})}{\sqrt{\sum\limits_{t=1}^{n}(X_t - \bar{X})^2}\sqrt{\sum\limits_{t=1}^{n}(Y_t - \bar{Y})^2}} \qquad (4\text{-}1)$$

式中：X_t，Y_t —— 区域内区县 X 和区县 Y 在某一日 t 的日均浓度值；

$\bar{X}$，$\bar{Y}$ —— 区县 X 和区县 Y 的年均浓度；

n —— 2019—2021 年秋冬季总天数。

该指标满分 30 分，考虑到本书将汾河平原 6 个城市国控站所在区县作为核心关注地区，因此该指标评分方法如下：

$$RS_i = \frac{r_i - r_{ave}}{1 - r_{ave}} \times 30 \qquad (4\text{-}2)$$

式中：RS_i —— 区县 i 该指标得分；

　　　r_i —— 区县 i 同太原、晋中、吕梁、临汾、运城、三门峡 6 个城市国控站所在区县相关系数中的最大值；

　　　r_{ave} —— 所有区县同太原、晋中、吕梁、临汾、运城、三门峡 6 个城市国控站所在区县相关系数均值。

4）污染物排放强度

某地污染物排放量强度越大，越容易对周边地区产生不利影响，具体以区县为单元，通过某一区县 2019 年大气污染物排放超过太原、晋中、吕梁、临汾、运城、三门峡 6 城市所有区县平均排放量的百分比表征。

该指标满分 20 分，评分方法如下：

$$ES_i = 20 \times \frac{1}{n} \sum_{j}^{n} ES_{i,j} \qquad (4\text{-}3)$$

$$ES_{i,j} = \frac{E_{i,j} - E_{ave,j}}{E_{max,j} - E_{ave,j}} \qquad (4\text{-}4)$$

式中：ES_i —— 区县 i 该指标得分；

　　　$ES_{i,j}$ —— 区县 i、物种 j 得分；

　　　n —— 纳入统计的物种总数；

　　　$E_{i,j}$ —— 区县 i、物种 j 排放量；

　　　$E_{ave,j}$ —— 各区县物种 j 的平均排放量；

　　　$E_{max,j}$ —— n 个区县中物种 j 排放量的最大值。

5）大气环境容量超载率

大气环境容量超载率是指大气污染物实际排放量超过环境容量的量占大气污染物环境容量的比例。大气环境容量超载率越高，通过联防联控共同改善的需要越迫切。大气环境容量超载率的测算方法详见第 3 章。

该指标满分 20 分，评分方法如下：

$$SS_i = 20 \times \frac{1}{n} \sum_{j}^{n} SS_{i,j} \qquad (4\text{-}5)$$

$$SS_{i,j} = \begin{cases} \dfrac{S_{i,j}}{50\%} \times 20, & S_{i,j} \leqslant 0.5 \\ 20, & S_{i,j} > 0.5 \end{cases} \qquad (4\text{-}6)$$

式中：SS_i —— 区县 i 该项指标得分；

　　　$SS_{i,j}$ —— 区县 i、物种 j 得分；

　　　n —— 纳入统计的区县总数；

　　　$S_{i,j}$ —— 区县 i、物种 j 的超载率。

（3）联防联控区域划定方法

首先，以地级市为单元，根据传输影响程度划定汾河平原联防联控的整体区域。具体为对汾河平原内城市国控监测站点 $PM_{2.5}$ 浓度年均传输影响占比超过 3%（含），或对汾河平原内城市国控监测站点重污染期间 $PM_{2.5}$ 浓度传输影响占比超 3%（含）的城市，整体划为汾河平原联防联控区域。

此外，考虑到汾河平原联防联控区域涉及多个省市，为减少跨区域协调成本，基于联防联控区域划定便于统筹协调、突出重点的原则，在联防联控区域内进一步划定核心控制区，其他区域划为外围拓展区。其中，汾河平原内以区县为基本单元，汾河平原区域外仍以城市为基本单元，主要考虑地理连通性、空气质量变化的时间相关性、污染物排放强度、大气环境容量超载率 4 项指标。4 项指标得分超过 60 分的，划为联防联控核心控制区，核心控制区之外的区域划为外围拓展区。

4.4.2　区域空气质量的空间特征

从区域特征来看，山西省污染较重的县（市、区）主要集中在汾河平原，如图 4-2 所示。汾河平原山西省 5 市的区县在倒数前 10 名和前 30 名的比例较高。全省 $PM_{2.5}$ 污染最严重的 10 个县（市、区）全部位于汾河谷地，$PM_{2.5}$ 污染最严重的 30 个县（市、区）中，26 个位于汾河谷地。

汾河平原不同区县间空气质量的变化具有明显的同步性，对 2019—2021 年汾河平原各区县秋冬季（1—3 月、10—12 月）$PM_{2.5}$ 日均浓度相关性进行分析（图 4-3），以相关系数 0.88 作为阈值，可以看出，汾河谷地各区县间，吕梁山以西的吕梁市各区县间，阳泉市各区县及晋中市的寿阳县和昔阳县间，晋城市、长治市部分区县间空气质量相关性较强，相关系数均超过 0.88，但上述区域相互之间相关性相对较弱。

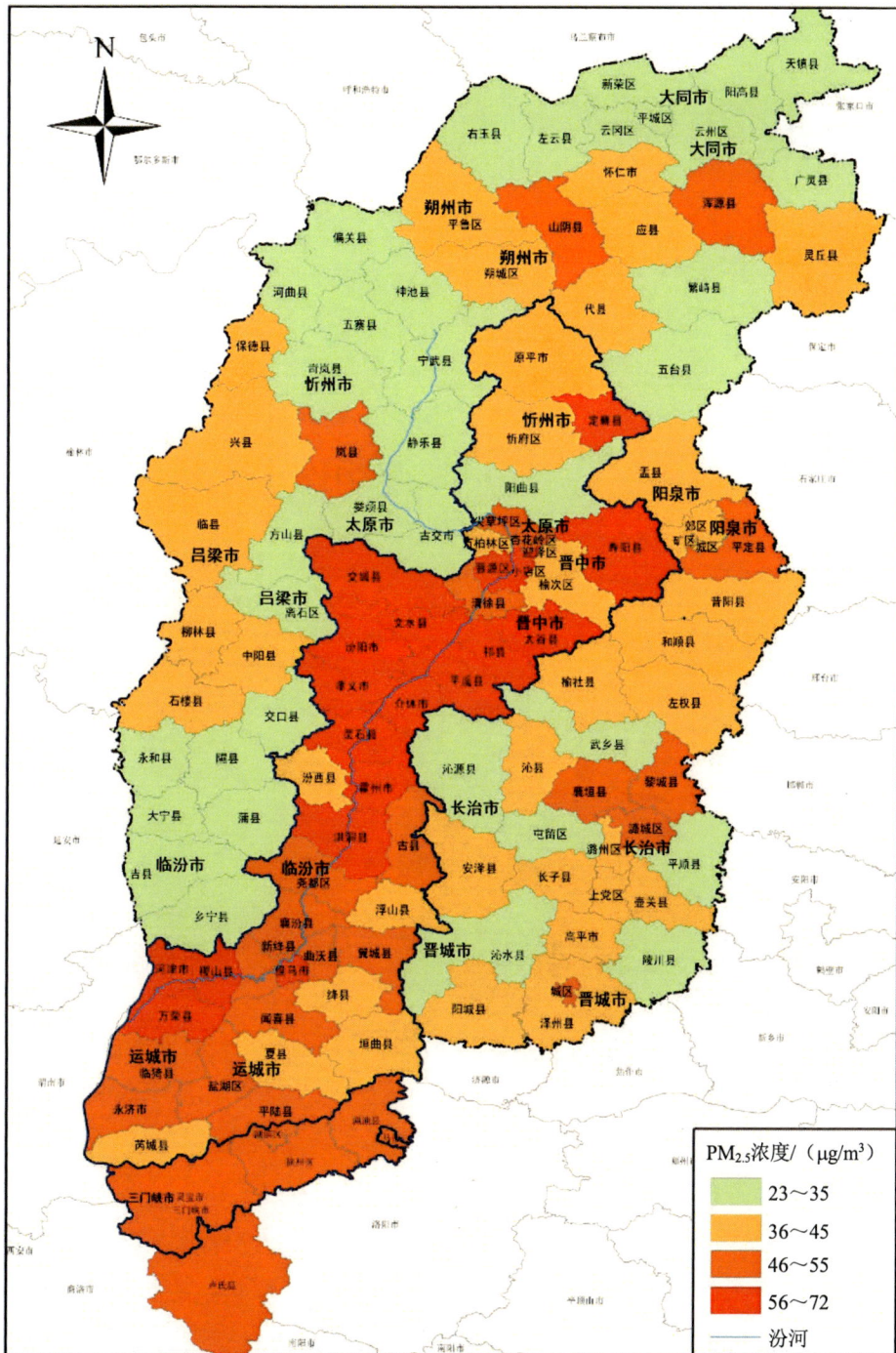

图4-2 2020年汾河平原6个城市各区县PM₂.₅年均浓度

图 4-3　2019—2021 年汾河平原各区县秋冬季 PM$_{2.5}$ 日均浓度相关性（＞0.88）空间示意图

4.4.3 区域污染物排放特征

汾河平原的焦化、钢铁等重污染行业企业在盆地区集中布局，盆地区面积约占汾河平原 6 个城市总面积的 25%，但 76%的焦化产能、87%的钢铁产能（以生铁计）、44%的洗煤产能、35%的火电和水泥产能位于该区域。区域重点行业企业分布如图 4-4 所示。

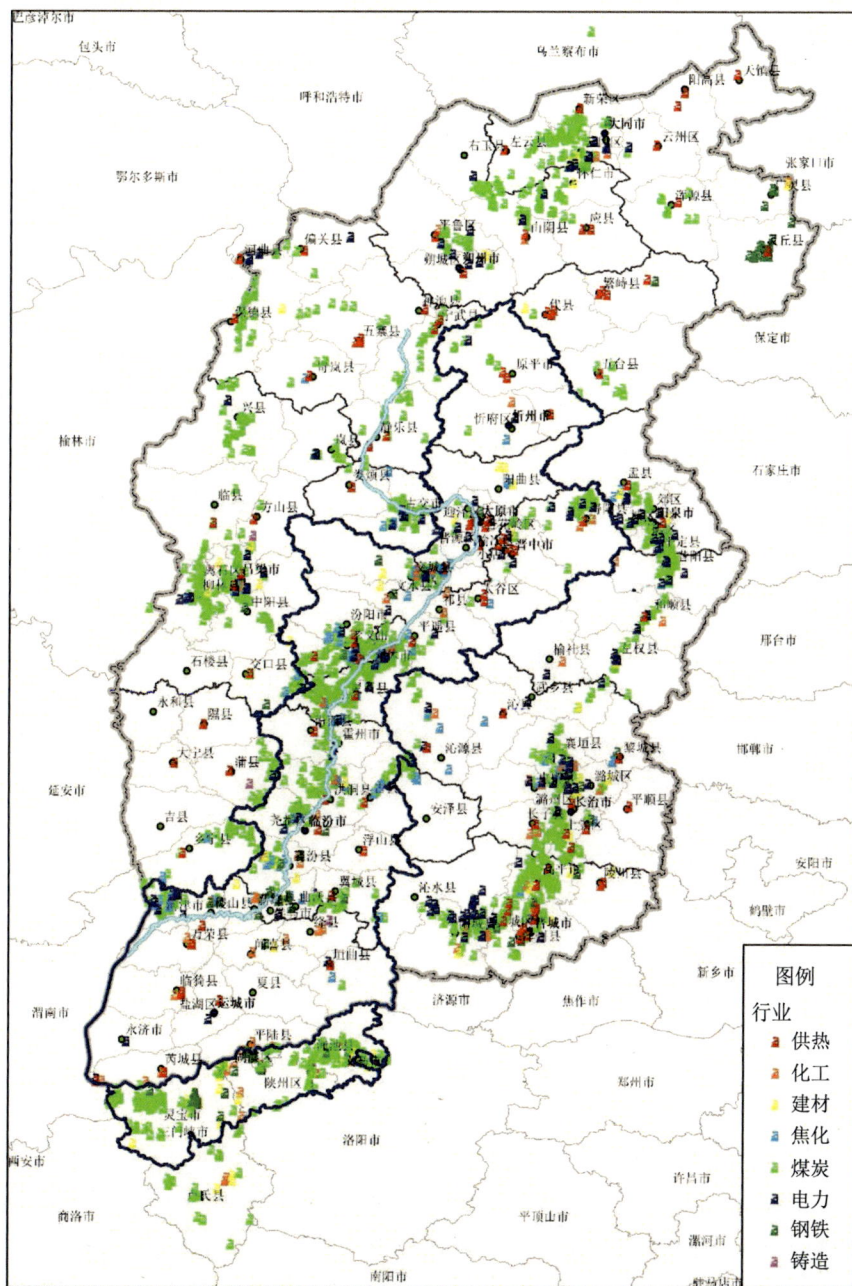

图 4-4　汾河平原 6 个城市重点行业企业分布

4.4.4 联防联控区域划定结果

基于本书确定的联防联控区域划分原则，综合考虑区域地形条件、相互传输影响、大气环境容量与超载率、污染物排放强度等因素，并合理控制联防联控范围，划定核心控制区和外围拓展区二级联防联控区域（表4-1）。

表4-1 汾河平原联防联控区域范围

一级分区	二级分区	区域范围
汾河平原核心控制区	太原—晋中盆地	太原市：小店区、迎泽区、杏花岭区、尖草坪区、万柏林区、晋源区、清徐县、阳曲县
		晋中市：榆次区、寿阳县、太谷县、祁县、平遥县、灵石县、介休县
		吕梁市：文水县、交城县、孝义市、汾阳市
	临汾—运城盆地	临汾市：尧都区、曲沃县、翼城县、襄汾县、洪洞县、古县、浮山县、汾西县、侯马市、霍州市
		运城市：盐湖区、临猗县、万荣县、闻喜县、稷山县、新绛县、绛县、垣曲县、夏县、平陆县、芮城县、永济市、河津市
	灵宝盆地	三门峡市：湖滨区、陕州区、渑池县、灵宝市
外围拓展区	汾河平原其他地区	汾河平原其他地区
	忻州市	忻府区、原平市、定襄县
	阳泉市	全市域
	石家庄	全市域
	洛阳	全市域
	焦作（济源）	全市域
	郑州	全市域
	西安	全市域
	渭南	全市域

核心区以县（市、区）为基本单元，包含位于汾河谷地中的区县，或紧邻盆地地区，且污染企业较多、污染物排放量较大的县（市、区），太原—晋中盆地中县（市、区）19个、临汾—运城盆地中县（市、区）23个、灵宝盆地中县（市、区）4个。核心控制区内地形连通明显，钢铁、焦化、电力、水泥等重污染企业密集，区域连片污染严重，亟须打破行政区划界线，在日常管理中和重污染应急时统筹治理、联防联控。

外围拓展区包含太原、晋中、吕梁、临汾、运城、三门峡6个城市中未纳入核心控制区的其他区域、忻州市的忻府区、原平市、定襄县，以及阳泉、石家庄、洛阳、焦作（济源）、郑州、渭南和西安等周边城市。这些区域与汾河平原间也有一定的相互影响，但相对较小，因此外围拓展区的联防联控主要针对不利气象条件下的重污染联合应对。

4.5 汾河平原联防联控体制机制框架

4.5.1 建立区域联防联控联席会议制度

区域联防联控结合了区域管理与属地管理模式，主体多元，涉及环保等相关部门及区域内各城市，因此须建立统一区域环境管理协调机制。基于此，本书提出建立汾河平原大气污染联防联控联席会议制度，定期组织各有关单位召开联席会议，发布工作通报，协调解决区域内大气污染防治重难点问题；建议汾河平原大气污染联防控联席会议由山西、河南、陕西、河北分管生态环境的副省长为会议召集人，具体工作由山西省生态环境厅承担，成员单位为各市人民政府。

联席会议的主要职责包括以下几个方面：①研究提出汾河平原大气污染防治工作目标、重大措施和工作规划；②组织实施区域重污染天气联合应对；③组织开展重大项目建设环评会商；④研究建立各市、各部门信息共享制度；⑤建立各市间联动执法机制，组织开展区域内交叉执法检查。

联席会议按照以下工作规则运行：①联席会议，是指各市工作组组长（或分管领导）参加的会议，采取例会制度。可根据工作需要，不定期召开全体成员单位会议或专题会议。②联络员会议，是指各市生态环境部门负责人参加的会议，根据工作需要不定期召开全体或部分联络员会议。③文件印发，联席会议议定的事项以"会议纪要""工作简报""督办通知"等形式印发给各成员单位遵照执行。④各成员单位应落实联席会议议定的有关事项，充分发挥联席会议的作用，联席会议办公室将及时向各成员单位通报工作进展情况。⑤对联席会议议定的决议、事项执行不力、不履行法定职能的行政不作为行为，造成工作延误、不良社会影响或其他危害后果的，由监察单位依照有关行政首长问责制、行政过错责任追究制的规定，追究行政责任。

4.5.2 统筹区域内重污染行业和过境交通布局优化调整

疏解转移核心控制区内重污染行业。有序解决汾河平原联防联控核心控制区内，特别是侯马市、义马市、曲沃县、湖滨区、介休市、祁县、迎泽区、霍州市、太谷区、杏花岭区、平遥县、灵石县、襄汾县等大气环境容量较小区县重污染企业集聚问题，腾出人口集中地区大气环境容量。全面推进联防联控核心控制区内现有焦化、化工、钢铁、有色等重污染行业企业逐步退出；利用 4.3 m 焦炉升级改造契机，推动核心控制区中焦化产能向核心控制区外转移，产能置换新建焦炉不得在联防联控核心控制区内建设；鼓励化工、钢铁、有色等重污染行业企业采用"飞地经济"模式，打破行政区划限制，向位于汾河平原联防联控核心控制区域外、对区域影响较小的地区转移。

统筹区域内大气污染物排放总量指标。将大气环境承载力作为制定区域产业发展规划的主要依据，开展排放标准和总量"双控"，以环境容量定发展规模。严格执行项目建设主要污染物排放总量控制制度，确保单个企业或项目的主要污染物排放总量符合区域环境空气质量改善允许的排放总量要求。联防联控核心控制区内新建项目实施主要大气污染物排放总量"倍量削减"，外围扩展区实施"等量削减替代"；且联防联控核心控制区内新增大气污染物排放总量只能从本区域内削减替代，不能跨地区转入。

优化区域内重点运输道路布局。实施联防联控核心控制区过境车辆优化通行政策，建设"大气污染防治绿色示范区"，建立动态分析研判制度；统筹考虑货物流通路线和交通流量因素，合理优化设计示范区外绕行线路，对限行道路科学规划；围绕"示范区"加快路网规划，整合城郊道路，实现通行线路最优、完善过境道路，构建区域便捷通道，形成汾河平原联防联控核心控制区内各市、县际快速边界路网。

4.5.3　持续优化区域内产业结构

遏制"两高"项目盲目发展。核心控制区内严禁新增煤电、焦化、钢铁、水泥等产能，新、改、扩建项目按照产能置换办法实施产能减量、能耗减量、煤炭减量、碳排放减量和污染物排放减量替代。"十四五"期间开始压减核心控制区内火电、钢铁、焦化、建材等重点行业产量，力争汾河平原燃煤发电量、粗钢产量、水泥产量、焦炭产量分别在 2030 年、2023 年、2025 年、2025 年前后达峰。

推动传统产业升级改造。引导电力、焦化、钢铁等资源型产业以工艺、装备、产品和管理创新为重点，加大传统优势产业技术创新和新技术成果推广应用。聚焦关键技术装备创新与应用，智能制造核心软件开发与应用，智能制造标准制定、验证与实施，工业互联网和信息安全系统建设，智能制造新模式培育推广等，支持传统产业运用大数据智能化技术实施技术改造升级。

加快落后装备淘汰置换。严格落实《产业结构调整指导目录》要求，全面清理淘汰类，坚决完成限制类升级改造。按照布局优化、产业提升、污染减少的原则，开展钢铁行业优化整合，引导企业逐步淘汰退出 1 200 m³ 以下高炉、100 t 以下转炉（电炉）等限制类工艺装备，2025 年年底前鼓励类工艺装备产能占比达到 90% 及以上。加快 4.3 m 焦炉淘汰步伐，力争 2023 年年底前 4.3 m 焦炉淘汰完成。全部淘汰关停不达标的燃煤小火电机组，按需完成 60 万 kW 等级纯凝机组供热改造，大容量、高参数机组比重达到 95% 及以上。

深入实施重点行业深度减排。对于煤电、焦化、钢铁、水泥行业新建项目及位于核心控制区的现有企业，进一步严格排放要求，减少排放总量。新建项目高标准建设达到国内领先环境治理水平，现有企业高水平运行，位于汾河平原联防联控核心控制区的企业，通过激活冗余处理能力、加强管理、小幅提标改造等途径，达到严于超低排放的管控水平。

强化深度治理动态监管。严格煤电、焦化、钢铁行业超低排放的事中事后监管。建立企业超低排放改造动态管理清单，记录并及时更新企业基本信息，超低排放改造进展，历次督察、帮扶、检查发现的问题及整改情况等信息。按照"双随机、一公开"模式，做好企业超低排放日常执法检查。每年组织专家开展企业超低排放运行情况随机抽查，重点检查实际改造情况同监测评估报告严重不一致、偷排偷放、监测数据造假、无正当理由治污设施不正常运行、超标、超总量排污、重污染预警期间违反管控措施等问题。

实施工业炉窑治理提升。制定汾河平原工业炉窑治理提升实施方案，对烧结砖瓦窑、石灰窑、耐火材料、铁合金、铸造、锻造法兰、建筑陶瓷、垃圾发电、煤制氮肥、炭黑、碳素、氧化铝、活性炭、金属镁、玻璃制品、电解铝等行业提出治理提升的标准限值，限时完成治理提升改造工程；对采用脱硫除尘一体化、脱硫脱硝一体化等低效治理工艺的工业炉窑，以及低温等离子、光氧催化等低效治理工艺的企业要组织开展升级治理，确保稳定达标排放。

4.5.4　严格控制区域内煤炭消费总量

全面提升用能管理能力。优化能源消费强度和总量"双控"，严格控制能耗和二氧化碳排放强度，增强能耗总量管理弹性，适时开展二氧化碳排放总量控制，逐步实现能耗"双控"向碳排放总量和强度"双控"转变。推行用能预算管理，强化固定资产投资项目节能审查，对项目用能和碳排放情况进行综合评价，从源头推进节能降碳。提高节能管理信息化水平，完善重点用能单位能耗在线监测系统，推动高耗能企业建立能源管理中心。完善能源计量体系，鼓励采用认证手段提升节能管理水平。健全区域、市、县三级节能监察体系，建立跨部门联动机制，综合运用行政处罚、信用监管、绿色电价等手段，增强节能监察约束力。

严格执行重点耗煤行业准入规定。新增固定资产投资项目用能设备要达到国家一级能效标准；新建高耗能项目单位产品（产值）能耗、煤耗要达到国内或国际先进水平。做好新建、改建、扩建用煤项目管理，将煤炭替代作为固定资产投资项目节能审查的重要内容。新建、改建、扩建的新增煤炭消费的固定资产投资项目实施煤炭消费减量或等量替代，区域内新建、改建、扩建耗煤项目按 1∶1 比例减量替代，其中核心区按 1∶1.5 比例减量替代、太原按 1∶2 比例减量替代。

推动重点涉煤企业能源产业链整合。发挥钢铁、焦化等重点耗煤行业的生产流程能源加工转化功能，构建以重点涉煤企业为核心的能源产业链，因地制宜，选择经济合理供应半径，与企业周边化工、有色等工业企业和居民、商业用户等实现煤气、蒸汽、氧氮氩气、水等能源互供，替代区域内能耗、污染物、碳排放较高供应设施，实现区域能源、环境资源协同优化。鼓励采用热泵技术提取低品质余热资源，实现为周边用户供暖。

推广先进适用的节能低碳技术。火电行业严格入炉煤质的管理，实施用能、用煤精细化管理，对标国内先进值，开展燃煤机组能效对标行动，进一步降低度电煤耗。焦化行业全面推进焦化产业园区化、绿色化、高端化发展，推广焦炉上升管余热回收等相关节能技术应用，降低单位焦炭综合能耗水平。钢铁行业巩固去产能成果，持续推动高质量、专业化兼并重组，提高行业集中度。鼓励有条件地区和企业增加现有电弧炉、转炉的废钢铁使用量，降低铁钢比。推进转炉煤气和蒸汽回收、高炉渣余热回收等节能技术改造。

4.5.5 强化区域重污染天气应急联动

进一步提高环境空气质量预测预报能力。细化空气质量预测预报系统中汾河平原区域的空间分辨能力，实现县级尺度预报能力。开展区域传输影响预测预报试点，预测分析重污染天气时段联防联控外围拓展区和核心区域间的传输影响强度，每次预警时提出纳入联防联控范围的建议名单。提高城市 7～10 d 的空气质量预测预报精准性。

实施汾河平原与河南、河北、山西、陕西等邻近城市应急减排联动。为消除重污染，太原、晋中、临汾、运城、吕梁等城市，汾河平原工业源和扬尘源排放应统一削减 40% 以上、生活源和交通源削减 20% 以上，同时汾河平原周边的河南、河北、山西、陕西等邻近城市同步削减；对于三门峡，汾河平原工业源和扬尘源排放应削减 60% 以上、生活源和交通源削减 40% 以上，同时汾河平原周边的河南、河北、山西、陕西等临近城市同步削减。

开展重污染应急时段核心区常态化交叉执法检查。区域大气重污染应急联防联控启动后，核心区内不同行政区之间开展重污染应急落实情况交叉执法检查，并使其制度化、常态化。

4.5.6 提升区域污染源监测监控能力

健全多数据监控体系，提高监管质量。重点行业按照有关规定和监测规范，对其排放的大气污染物进行监测，并保存原始监测记录。将用电监管、企业厂界、重点设施 PLC 或 DCS 等数据纳入在线监控体系，形成多数据耦合验证企业生产状态、治理设施运行效果等监管形式，严厉打击数据造假行为。

扩大重点排污单位企业范围。将烧结砖瓦窑、石灰窑、耐火材料、铁合金、铸造、锻造法兰、建筑陶瓷、垃圾发电、煤制氮肥、炭黑、碳素、氧化铝、活性炭、金属镁、玻璃制品、电解铝、橡胶制品、包装印刷、家具制造、塑料制品、玻璃、铸造、医药、人造板、涂料生产等行业作为重点，纳入在线监控的管理范畴。

完善机动车遥感监测网络建设。完善物流通道空气质量微站建设；加强移动源环境监管能力建设，配备新生产、销售机动车污染排放检测设备；建设完善"天地车人"一体化的机动车排放监控系统，涵盖遥感监测网络系统、排放检验机构平台、I/M 平台、柴油车远程在线监控平台、执法检查平台、非道路移动机械监管平台、用车大户监管平台、重污染天气视频监控平台、加油站油气回收在线监控平台等，构建互联互通、共建共享的机动车环境监管平台。

规范重点用车单位门禁视频系统建设。工业企业、物流园区、货物发（转）运站等单位应按照相关标准要求，规范建设大气污染防治门禁视频系统，并与相关管理部门联网。管理部门应协调机动车号牌管理部门提供号牌及排放阶段数据库，并建立机动车环保定期检验、路检路查、入户检查、黑烟举报、遥感检测、黑烟抓拍等超标车辆和未按规定编码登记、未按要求悬挂号牌、编码登记信息不实、排放超标的场内运输车辆及非道路移动机械的黑名单。系统应具备对信息校验产生的可疑车辆（机械）、黑名单、违反管控策略车辆（机械）等可疑信息报警提示、自动记录的功能。

4.5.7　统一区域内决策执法尺度

统一应急减排尺度。由"汾河平原"区域大气污染联防联控工作领导组组织对区域重污染应急减排清单进行审核，统一分级应急减排措施。

持续开展跨行政区交叉执法检查。在汾河平原联防联控核心控制区内，实施不同市、区、县间的常态化交叉执法检查。重点围绕工业园区和产业集中区，尤其是清徐—交城—介休—孝义、新绛—稷山—侯马—绛县—曲沃等跨行政区产业集聚区，对钢铁、电力、焦化、氧化铝、铸造、水泥、建材、工业炉窑等重点行业企业应急减排措施落实情况、企业污染防治设施运行情况等进行全面排查，并加大施工扬尘、道路扬尘、露天烧烤、露天焚烧等查处力度。采取在线监控、随机检查、夜间抽查等方式，将日常监管、驻点督查和定期巡查相结合，联合执法和集中执法相结合，倒逼企业自觉守法排放。

建立"汾河谷地"区域内常态化环评会商机制。汾河平原联防联控核心控制区内焦化、钢铁、电解铝、铸造、水泥、平板玻璃行业集中的园区、开发区边界与相邻县（市、区）距离小于 5 km 时，应开展相邻县（市、区）之间规划环评会商，协商园区布局合理性。

建设各方直连的数据共享平台。依托国家现有的监测和信息网络，逐步建立区域空气质量监测、污染源监管、机动车超标排放信息等专项信息平台，共享区域内空气质量、污染源排放、柴油货车和超标排放车辆等基本信息。加强交通运输、公安交管、生态环境、市场监管等部门间信息交互共享机制，为公众提供机动车资质认证、检验检测、维修治理等综合信息服务。

4.5.8 统一考核区域大气污染防治进展

加强区域内市、区、县空气质量考核。基于汾河平原各市、区、县污染现状和联防联控目标要求，按照污染越重，改善幅度越大的原则确定市、区、县空气质量改善目标，开展目标责任制考核。财政部门建立汾河平原联防联控区域空气质量考核资金池，对于未完成改善目标的区县，约谈政府负责同志，扣罚资金，对于改善幅度较大的区县，公开表扬并提出奖励。

开展汾河平原联防联控核心控制区工业园区大气环境监管考核。率先在核心控制区内对工业园区、开发区、集聚区等高排放区实施空气质量考核，按照"谁考核，谁监测"原则，所有高排放区建设标准 6 参数空气质量监测站，焦化、煤化工、精细化工、工业涂装为主导产业的工业园区增加 TVOC 监测。空气质量年改善目标不得低于所在县（市、区）改善目标，考核结果要作为制定重污染天气应急响应差异化减排措施的依据。

建立区域空气质量评估制度。将汾河平原空气质量改善目标、任务和措施，分解、落实到政府与有关部门，并接受区域大气污染联防联控协调小组的检查、评估与考核。协调小组定期组织开展大气污染联防联控工作的评估考核，对区域和城市空气质量改善目标和联防联控措施落实等情况进行跟踪分析，并向社会公布。同时设置社会监督渠道，鼓励公众积极参与区域大气污染联防联控评估工作。

参考文献

[1] 任阵海，俞学曾，杨新兴，等. 我国大气污染物总量控制方法研究[C]//第八届全国大气环境学术会议. 昆明：第八届全国大气环境学术会议集，2004：167-172.

[2] 段雷，郝吉明，周中平，等. 确定不同保证率下的中国酸沉降临界负荷[J]. 环境科学，2002，23（5）：25-28.

[3] 柴发合，陈义珍，文毅，等. 区域大气污染物总量控制技术与示范研究[J]. 环境科学研究，2006，19（4）：163-171.

[4] CHAl Fahe，CHEN Yizhen，WEN Yi，et al. Study for regional airpollutants total amount control technologies and demonstration[J]. Research of Environmental Sciences，2006，19（4）：163-171.

[5] 许艳玲，薛文博，王金南，等. 大气环境容量理论与核算方法演变历程与展望[J]. 环境科学研究，2018，31（11）：1835-1840.

[6] 薛文博，付飞，王金南. 中国 $PM_{2.5}$ 跨区域传输特征数值模拟研究[J]. 中国环境科学，2014，34（6）：1361-1368.

[7] 宁淼，孙亚梅，杨金田. 国内外区域大气污染联防联控管理模式分析[J]. 环境与可持续发展，2012，37（5）：11-18.

[8] 柴发合，李艳萍，乔琦，等. 我国大气污染联防联控环境监管模式的战略转型[J]. 环境保护，2013，41（5）：22-24.

[9] 燕丽，贺晋瑜，汪旭颖，等. 区域大气污染联防联控协作机制探讨[J]. 环境与可持续发展，2016，41（5）：30-32.

[10] 宋金华,李洁. 论我国区域大气污染联动防治法律机制的完善[J]. 江西理工大学学报,2019,40（4）：21-25.

[11] 袁小英. 我国区域大气污染联防联控机制的探讨[J]. 四川环境，2015，34（5）：140-144.

[12] 赵航. 大气污染联防联控政府间协作影响因素及其效果分析[D]. 天津：天津大学，2020.

[13] 张艺伟. 京津冀区域大气污染联防联控法律问题初探[J]. 河北企业，2019（5）：159-160.

[14] 田露，李昭莹. 合作博弈下的大气污染联防联控工作研究——以陕西省汉中市为例[J]. 资源节约与环保，2017（10）：86-87，103.

[15] 杨芙蓉，李莹莹，冯艳红. 山区城市冬季大气污染联防联控措施探讨——以黔江区为例[J]. 环境科学导刊，2019，38（1）：41-46.

[16] 杨贺，刘金平. 区域复合型大气污染时空扩散及其联防联控策略研究[J]. 现代商贸工业，2018，39（6）：196-197.

[17] 孙永旺，琚会艳，李琳，等. 实施大气污染区域联防联控措施的建议[J]. 资源节约与环保，2019（7）：45.

[18] 王圣，雷宇. 新时代我国区域协调发展与环保联防联控协同性分析[J]. 环境保护，2018，46（16）：39-41.

[19] 刘炳江，郝吉明，贺克斌，等. 中国酸雨和二氧化硫污染控制区区划及实施政策研究[J]. 中国环境科学，1998（1）：2-8.

[20] 柴发合，云雅如，王淑兰. 关于我国落实区域大气联防联控机制的深度思考[J]. 环境与可持续发展，2013，38（4）：5-9.

[21] 高桂林，陈云俊. 评析新《大气污染防治法》中的联防联控制度[J]. 环境保护，2015，43（18）：42-46.